思考理科

なぜ?からはじめよう SDGs

①

# 社会の視野を広げる理科

藤嶋昭（東京理科大学 栄誉教授）監修

田中幸／結城千代子 著



東京書籍

# もくじ

○の数字はSDGsの中の関連する番号になっているよ

## 1 理科で考える地球上の国々


- SDGsって何？ ①～⑰ …… 10
- 大陸や島が動くって本当？ 海底を調べるとその証拠が見つかるの？ ⑭⑮⑰ …… 17
- ぐらっと地震が来たら、どうするのがいちばんいいの？ ⑪ …… 24
- 日本が夏のときに冬の国があるのはなぜ？ …… 30
- 地球に生きているどんな生き物にも水が必要なの？ ⑥ …… 36
- 産油国は世界中にあるけど、日本では石油は出ないの？ 石油からできるアスファルトはどんなことに使われたの？ ⑦⑫ …… 42
- 外国に行くのに飛行機に乗ると放射線を浴びるって本当？ ③ …… 50

## 2 歴史と理科


- 江戸時代に作られたサクラの「ソメイヨシノ」、いっせいに咲くのはどうして？ ②⑮ …… 56
- いろいろな機械に磁石がかくれている。磁石を誰が初めに作ったの？ なんでこんなに使われているの？ ⑨ …… 61
- どうして浮かぶ風船と浮かばない風船があるの？ …… 66
- リニアモーターカーの電磁石とふつうの磁石では、大きく違うのは何かな？ ⑨ …… 72
- 月に人間が歩いた足跡があるって本当？ …… 78
- HVやEVなどいろいろな自動車があるけれど、それぞれどんな仕組みなの？ ⑦⑬ …… 82

- 天気予報はいつ始まったの？　人工衛星がない時代はどうやっていたの？⑬ …… 88
- 技術革新ってどんなこと？　私にもできることなの？⑨ …… 95


## 3　生き物が作る社会


- おじいさんやおばあさんと私はなんで似ているの？ …… 102
- 性別で体の作りが違うのはわかるけど、ジェンダー平等は当たり前じゃないの？⑤ …… 108
- ウンチやおしっこは汚いの？　トイレはどうして大事なの？⑥ …… 114
- 私たちは背が高くなるとき、骨が伸びるの？　骨の数が増えるの？　骨にはどんな栄養が必要なの？②③ …… 119

・まぶたがあるのはどうして？　鯉はまばたきしないって本当？ ⑮ …… 124
・どうして空気を吸わないと苦しくなるの？　息を吸うことと
動物の血が赤いことには関係があるの？ …… 128
・北極の氷がなくなったら、
ホッキョクグマはどうなってしまうの？ ⑬ …… 135
・日本のオオカミは、本当に絶滅してしまった。
絶滅危惧種はどうやって決まるの？ ⑮ …… 140

# 4 理科で暮らしを守る


● ゴミを分別すると、どうして環境にやさしいの？ ⑪ …… 146

● プラスチックはどうやって作るの？ 何がいけないの？ ⑫ …… 151

● ものが燃えると炎が出るけど、ロウソクの炎とガスの炎の色が違うのはなぜ？ ⑦ …… 156

● エネルギーってどういう意味？ エネルギーが「クリーン」ってどういうこと？ ⑦ …… 163

● 「生涯学習」ってずっと学校に行くことなの？ ④ …… 167

● 世界のみんながいつでも水が飲めるようにするにはどうしたらいいの？ ⑥ …… 170

● 「たこ足配線」ってよく聞くけど、どうして危ないの？ ⑦ …… 175


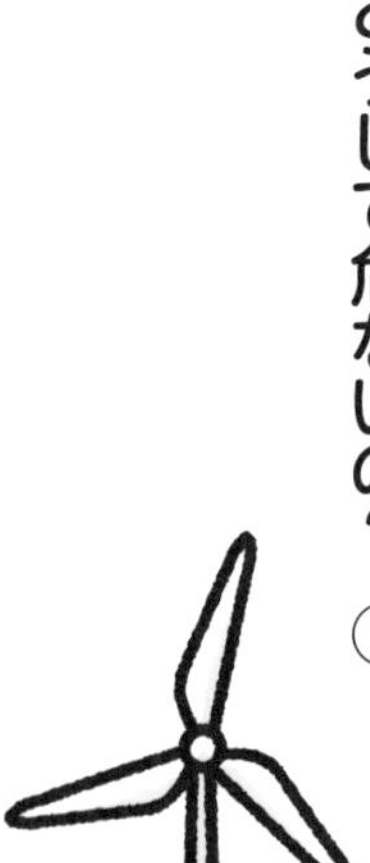

索引……182
おとなのかたへ……188

# はじめに

世界《せかい》の国々は、地球《ちきゅう》の陸地《りくち》にあります。各地《かくち》の風土は、地球という星の特徴《とくちょう》を知ると、より深《ふか》く理解《りかい》できます。

私《わたし》たちが暮《く》らす社会は、人類《じんるい》が生き物《もの》であるからこそ起《お》こり、多種多様《たしゅたよう》なほかの生き物が暮らす地球環境《かんきょう》の中で営《いとな》まれています。

現代《げんだい》の社会は科学技術《ぎじゅつ》が基盤《きばん》にあり、その発展《はってん》は世界の歴史《れきし》や日本の歴史に大きな影響《えいきょう》を与《あた》えています。社会のことを広く知る上で理科はとても重要《じゅうよう》な学問《がくもん》です。

そしてこの本ではＳＤＧｓ《エスディージーズ》に関《かか》わる話をところどころで取《と》り上げています。理科の学びを通してＳＤＧｓへの理解《りかい》が深まることも願《ねが》っています。

（著者《ちょしゃ》より）

# 1

# 理科で考える
# 地《ち》球《きゅう》上《じょう》の国々

# SDGs《エスディージーズ》って何？

しおりさんたち仲良《なかよ》し五人組は、夏休みの宿題《しゅくだい》で２０１５年９月に国連総会《こくれんそうかい》で採択《さいたく》された国際目標《こくさいもくひょう》について調《しら》べています。それは「ＳＤＧｓ」と略《りゃく》されますが、Sustainable Development Goals（持続可能《じぞくかのう》な開発《かいはつ》目標）という名前で、17の目標があります。

「持続可能な開発って、どういう意味《いみ》かしら。」

しおりさんが首をかしげると、いっしょに調べているあゆむさんが、

「いい世界《せかい》がずっと続《つづ》くように発展《はってん》していくみたいな感《かん》じかな。」といいました。

SUSTAINABLE DEVELOPMENT GOALS

「国連加盟国《かめいこく》の全会一致《ぜんかいいっち》*で決《き》まったのなら、世界中の人がこれを目指《めざ》しているわけね。日本も取《と》り組んでいるはずだわ。」とみかさん。

「目標は17あるけれど、実際《じっさい》にはどんなことをしようとしているんだろう。それを調べるのはどうかな。」

とおるさんの提案《ていあん》に賛成《さんせい》したみんなは、手分けをすることにしました。

「5人いるから1人三つで、最後《さいご》の二つはみんなでいっしょに調べるのはどう。」

「オッケー。月曜日にできたところまで報告《ほうこく》ってことで。」

分担《ぶんたん》した結果《けっか》、しおりさんは、次の三つの担当です。人類《じんるい》にとってとても大事《だいじ》そうな目標です。

1　貧困《ひんこん》をなくそう

2　飢《き》餓《が》をゼロに

3　すべての人に健康《けんこう》と福祉《ふくし》を

とおるさんは次《つぎ》の三つです。豊《ゆた》かな社会を目指す上で大切ですね。

4　質《しつ》の高い教育《きょういく》をみんなに

5　ジェンダー平等《びょうどう》を実現《じつげん》しよう

6　安全《あんぜん》な水とトイレを世界中に

みかさんは、ちょっと内容《ないよう》が難《むずか》しそうと困《こま》っています。

7　エネルギーをみんなに　そしてクリーンに

8　働きがいも経済成長《けいざいせいちょう》も

9　産業《さんぎょう》と技《ぎ》術《じゅつ》革新《かくしん》の基盤《きばん》をつくろう

はるとさんは、当たり前のことも混《ま》ざっているけど、最後のはどういう意味だろうと思いました。

10 人や国の不《ふ》平等《びょうどう》をなくそう
11 住《す》み続けられるまちづくりを
12 つくる責任《せきにん》 つかう責任

あゆむさんは、理科の勉強《べんきょう》が役立ちそうだと感じています。

13 気候変動《きこうへんどう》に具体的《ぐたいてき》な対策《たいさく》を
14 海の豊《ゆた》かさを守ろう
15 陸《りく》の豊かさも守ろう

みんなでいっしょに調べるものに次の二つを残《のこ》しました。

16 平和《へいわ》と公正をすべての人に
17 パートナーシップで目標を達《たっ》成《せい》しよう

五人組はそれぞれの目標の意味することを調べ、日本ではどんな取り組みがなされているのかを調べてみました。

そして、仲間同士《どうし》で発表《はっぴょう》しあい、全体をどんなふうにまとめたらよいかと話し合いました。

しおりさんの発表の一部分《いちぶぶん》を聞いてみましょう。

「2の『飢餓をゼロに』という目標は、どの年代《ねんだい》、どの国の人も、すべての人が十分な食事をとれて、栄養《えいよう》が足りなくなることがないようにすることです。今、世界の各《かく》地《ち》では、飢餓で命《いのち》を落《お》とす人がいます。戦争《せんそう》や災害《さいがい》、自然環境《しぜんかんきょう》の変化《へんか》などで、うまく農業《のうぎょう》を持続していけない場所がたくさんあるのです。これを持続可能にすることが解《かい》決《けつ》につながるでしょう。」

しおりさんのまとめを聞いていたはるとさんが、考えを述《の》べました。

「日本でも十分に食べられない人もいる一方で、デパートの総菜《そうざい》売り場などでは売れ残って捨《す》てるものも出るそうだよ。僕《ぼく》が調べた『12　つくる責任　つかう責任』にも関《かか》わる話だと思う。食品《しょくひん》ロスをなくして、食料品《しょくりょうひん》のリサイクルももっといろいろと考えられるといいね。」

みかさんも、大きくうなずきました。

「それは私《わたし》たちが取り組める大きな目標ね。一人一人が家で食べ物《もの》を無駄《むだ》にしないようにすることも、小さいけれど、私たちがすぐにできることだわ。」

しおりさんは、その通りだと思いました。

「私もさっそく家で気をつけてみる。『飢餓をゼロに』のそれ以外の日本の取り組みとして、政府《せいふ》や企業《きぎょう》などが飢餓で困っている国に食料の支援《しえん》を行ったり、農業のやり方や持続のための技術を伝えているそうよ。」

教える活動について、とおるさんが考えを述べました。

「ほかの国に行って『役に立つことを伝える』って教育だよね。これは、僕が調べた『4　質の高い教育をみんなに』にも関係《かんけい》するな。教育で国際支援ができるのなら、僕が大人《おとな》になったらやってみたい。」

それを聞いたあゆむさんが、目を輝《かがや》かせました。

「かっこいいね。でも、その前に教えられる先生になれるように、勉強しなくちゃだめだね。外国《がいこく》の言葉もしゃべれるようにならなくちゃ。大変だぁ！」

そう言いながらも楽しそうなあゆむさんに、ほかの仲間も思わずＳＤＧｓにつながる何か大きな夢《ゆめ》を追《お》ってみたくなりました。

この本では17の目標に関わるお話や、解決の糸口を考える上で役に立つお話を取り上げています。皆《みな》さんも、ぜひ、残りの目標について詳《くわ》しく調べ、それをかなえるためにできる行動について考えてみてください。その際にはこの本で学んだ理科を基礎《きそ》として、広く、柔軟《じゅうなん》に、自分なりの考えをまとめていってください。

＊反対する人が一人もなく決まること

国連SDGs公式サイト（英語）
https://www.un.org/sustainabledevelopment/

# 大陸《たいりく》や島が動くって本当？ 海底を調べるとその証拠《しょうこ》が見つかるの？

ひなたさんが遊《あそ》びに行ったことのある町工場では、ガラスの球《たま》を作っています。ガラスの球といっても、アクセサリーに使《つか》うのではありません。強い力で押《お》しつぶしても、簡単《かんたん》に割《わ》れないような耐圧《たいあつ》ガラス球で、海底探査《たんさ》の機械《きかい》で活躍《かつやく》しています。

最近《さいきん》は民間《みんかん》の小さな会社が力を合わせて宇宙《うちゅう》や海底の探査に乗り出しています。理科の先生にたのまれたひなたさんは、海底探査の話を工場の人に聞いて、みんなに発《はっ》表《ぴょう》しました。

「私《わたし》がお話を聞いた工場では、ガラスの球を作っています。それは、『江戸《えど》っ子1号《ごう》』

の機体に使われています。『江戸っ子1号』は東京下町の町工場が作った海底探査をするための機械で、高さ1・6メートル、照明《しょうめい》やカメラをおさめた3個《こ》の耐圧ガラス球が縦《たて》にはめ込《こ》まれ、串団子《くしだんご》みたいな形をしています。海洋研究開発機構《かいようけんきゅうかいはつきこう》や大学、金融機関《きんゆうきかん》などといくつかの町工場がチームを組んで深海《しんかい》に挑《いど》んだプロジェクトです。2013年には水深8000メートルの海底で生き物《もの》たちの撮影《さつえい》に成功しました。」

お友だちが手をあげて聞きました。

「潜水艦《せんすいかん》みたいな深海探査機とは違《ちが》うの？」

「違います。すごくシンプルな形で、人が乗らない探査機です。無人《むじん》だから沈降《ちんこう》毎分60メートル、浮上《ふじょう》毎分90メートル。人が乗っていると潜水速度《せんすいそくど》は往復《おうふく》とも毎分約45メートルだから、こっちのほうがずいぶん早く往復できます。もちろんそれ自体は動《うご》

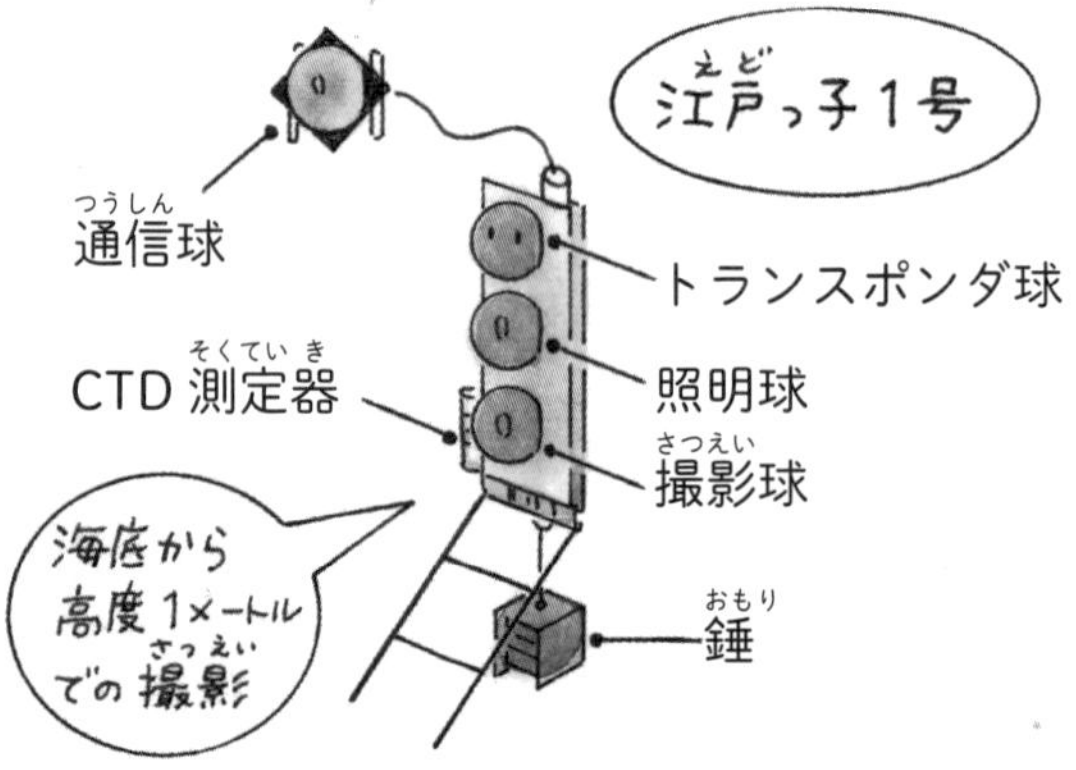

けないので、目的地《もくてきち》までは船で運《はこ》び、錘《おもり》をつけて沈《しず》め、錘を切り離《はな》して上昇《じょうしょう》、ＧＰＳを使《つか》って位置《いち》を調べて船で回収《かいしゅう》します。製作費用《せいさくひよう》を抑《おさ》えているため、わりと気軽《きがる》に海底探査に利用《りよう》してもらえるのが長所《ちょうしょ》です。海洋開発の環境《かんきょう》への影響《えいきょう》を調べるために活躍を始めています。」

ひなたさんに続《つづ》いて、先生がなぜ海底探査が必要《ひつよう》なのかを教えてくれました。

「水深２００メートルを超《こ》えると太陽《たいよう》の光はほとんど届《とど》きません。深海には地上では考えられないような温度《おんど》や圧力《あつりょく》のもとに生きる画期的《かっきてき》な微生物《びせいぶつ》も発見されていますよ。」

ひなたさんは、話を聞いた工場の人に教えてもらった、日本を代表《だいひょう》する有人潜水《ゆうじんせんすい》調査船《ちょうさせん》について思い出しました。

「海洋研究開発機構の『しんかい６５００』という日本製《にほんせい》の潜水艇《せんすいてい》が三陸沖《さんりくおき》日本海溝《かいこう》で６５２７メートルまで潜《もぐ》って世界記録《きろく》を作りましたよね（１９８９年）。今は『しんかい１２０００』が開発されているとか。」

「その通り！　日本では巨大地震《きょだいじしん》のメカニズムを解明《かいめい》するため、プレートがぶつかり合い、折《お》れ曲《ま》がる水深６２００メートルから６３００メートルあたりを調べる必要があります。そのために水深「６５００メートル」の深海を狙《ねら》って探査船が作られたのです。『しんかい６５００』は、世界で初《はじ》めて三陸沖の海底でプレートの沈み込みで生じたと思われる裂《さ》け目を確認《かくにん》することに成功しています。」

　そこで、ひなたさんとお友だちは首をかしげました。

「プレートって本当に見えるのですか。地震の説明《せつめい》の図でよく出てくる地面《じめん》下の板《いた》みたいなものでしょう？」

　その質問《しつもん》に、先生はあらためて別《べつ》の本を開《ひら》いて見せました。そこには地球《ちきゅう》の内部《ないぶ》が書いてあります。

「では、皆《みな》さんが暮《く》らす地球上の国々がどんな大地の上にあるのかをお話しします。

　地球の表面は、７～35キロメートルほどの厚《あつ》さの地殻《ちかく》でおおわれています。その下に分厚いマントルという層《そう》があり、さらに中に核《かく》があります。大地である地殻は、固

体の岩石でできていますが、密度《みつど》*が小さく、密度が大きいマントルに浮《う》いています。マントルは地表に近いほうに硬《かた》めの層があり、その下は岩石がやわらかく、みずあめのように溶《と》けていて、圧力でゆっくりと動いています。

マントルの上の部分の硬めのところは、プレートという巨大な岩の板と考えることができ、大陸や島《しま》はそれに乗っかっています。プレートは、地球全体《ぜんたい》をおおうように、何枚《まい》かあって、その下のやわらかい部分の動きにのって、毎年数センチメートル程度《ていど》のゆっくりした動きで、大地を乗せたまま動いています。

二つのプレートのさかい目近くでは、押し合うプレートが、ずれたり、こわれたりしながら、片方《かたほう》がもう片方の下にもぐり込みます。そういうところでは、よく地震が起《お》きます。『しんかい6500』が確認したのはこういうプレートの移動《いどう》の証拠です。

たとえば、北アメリカプレートの下に、太平洋《たいへいよう》プレートがもぐり込んでいるところが、ちょうど日本列島の下にあります。そんな、プレートがもぐり込むところは、地面が深《ふか》く引き込まれていて、深い谷である海溝や、それより浅《あさ》いトラフになります。

日本列島のそばには日本海溝《かいこう》、伊豆《いず》・小《お》笠原《がさわら》海溝、南海トラフがあります。

ほかに、プレートが衝突《しょうとつ》して、地殻《ちかく》が隆《りゅう》起《き》して巨大な山脈《さんみゃく》を作っているところもあります。その代表格《だいひょうかく》がアルプス・ヒマラヤ造山帯《ぞうざんたい》です。ここは、現在《げんざい》でも、毎年数ミリメートルずつ盛《も》り上がっています。

また、プレートは互《たが》いに分裂《ぶんれつ》して、離れているところもあります。有名《ゆうめい》な地上のアフリカ大地溝帯は、現在も一年に数ミリメートルずつ離れていて、くぼんで湖《みずうみ》などができています。

地球の内部でプレートを動かす流《なが》れは、

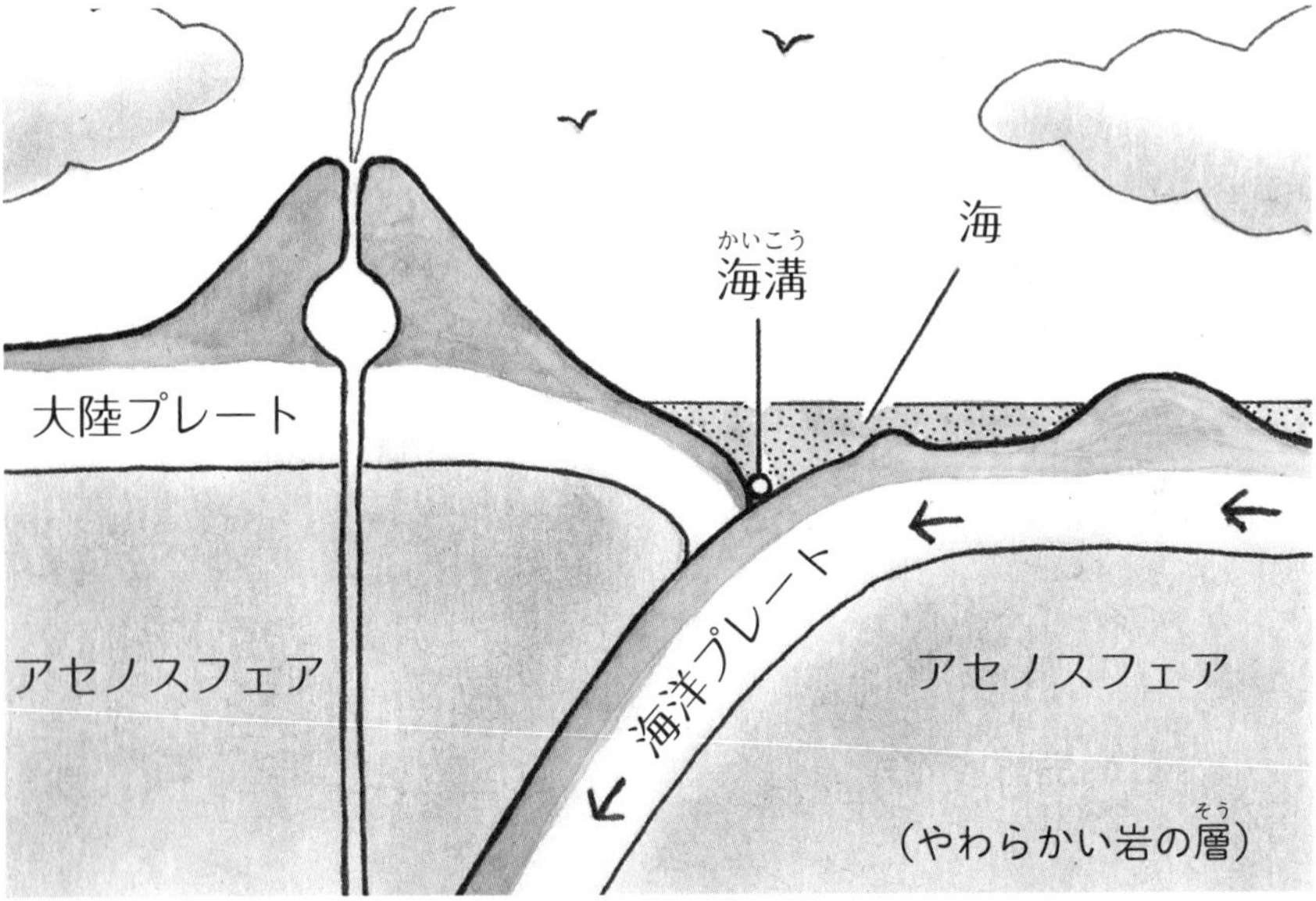

火山活動にも関係《かんけい》があり、マントル対流《たいりゅう》と呼《よ》ばれています。

地球の内部の熱《あつ》いところと地表近くの冷えたところとの間で、溶けた岩石がぐるぐるめぐる流れ（対流）が起こっているのです。まるで、ゆでているスパゲティがぐるぐるまん中からわき上がって動くように、マントルもゆっくりと対流しているのです。

学校のある町の工場から、地球まで話が広がりました。皆さんの身近にある技術《ぎじゅつ》は、私たちの暮《く》らしを支《ささ》えるとともに、地球全体にも関《かか》わっているのですね。

先生はそんなふうに話をしめくくりました。

＊1立方メートルまたは1立方センチメートルの体積あたりの質量のこと。同じ体積で比《くら》べたとき、軽《かる》いもののほうが、重《おも》いものの上に浮《う》く。

# ぐらっと地震《じしん》が来たら、どうするのがいちばんいいの？

**ゆいさんの問《と》い**　大きな地震が来たら、どこに逃《に》げればいい？　どうしたら安全《あんぜん》？

**まどかさんの問い**　長く揺《ゆ》れる地震やドンと揺れてすぐおさまる地震の違《ちが》いはなに？

地震はいつ来るかわかりませんが、大きな地震が起《お》きると、その地震の揺れがやってくる数秒《すうびょう》前から数十秒前に緊急《きんきゅう》地《じ》震速報《しんそくほう》が出されます。この時間の差《さ》は、地震の原因《げんいん》である震源《しんげん》からどれだけ離《はな》れているかで違《ちが》います。秒単位《たんい》ですが、試《ため》しに一、二、三、と心の中で十秒を数えながら動《うご》いてみてください。窓《まど》のすぐそばにいたら開《あ》けてから離れたり、硬《かた》い机《つくえ》の下に入ったり、ほんの少しの時間でも、身《み》の安全を図《はか》る時間が取《と》れます。

地震が来たとき、自分が大きな建物《たてもの》の中にいるか、外にいるか、あるいは地震の強さによっても、安全な場所《ばしょ》は違います。ただ、どの場合にもいえることは、上から落《お》ちてくるものに注意《ちゅうい》することです。頭を守《まも》って、倒《たお》れそうな物《もの》や、落ちてきそうな物からは、離れたり隠《かく》れたりしましょう。

例《たと》えば、しっかりしているように見えても、ガラスや塀《へい》、壁《かべ》、ときには天井《てんじょう》も、割《わ》れたり、くずれることがあります。テレビが落ちたり、ピアノが動いたり、ロッカーや電柱《でんちゅう》、自動販売機《はんばいき》が倒《たお》れてくることもあります。

耐震建築《たいしんけんちく》が進《すす》み、簡単《かんたん》にこわれないビルや家が増《ふ》えました。また、いざという時の避難《ひなん》に使《つか》える公園や避難所の整備《せいび》、非常食《ひじょうしょく》などの備蓄《びちく》も進められています。室内では家具《かぐ》の固定《こてい》も工夫《くふう》されています。それでも、まだまだ完全《かんぜん》ではありません。このような取り組みは人が多く住《す》む都市部《としぶ》では特に重要《じゅうよう》です。街中《まちなか》は建物も混《こ》み合って建っていますし、地下にも施設《しせつ》が広がっていたり、高速道路《こうそくどうろ》が高いところを走っていたりします。そこを、とてもたくさんの人々が移動《いどう》することになりますから、日々、より安全になるような改善《かいぜん》が続《つづ》けられています。

ＳＤＧｓ《エスディージーズ》の目標《もくひょう》に一つに「住み続けられるまちづくりを」があります。災害《さいがい》に強いまちを作ることも、一つのアプローチです。地球《ちきゅう》のプレートの動き*で考えたときに、日本がある場所は特に地震災害が多いことがわかっています。ですからほかの国以《い》上《じょう》に、地震が起きても被害《ひがい》を最小限《さいしょうげん》に抑《おさ》えられるように努力《どりょく》していく必要《ひつよう》があります。皆《みな》さんも、家具を固定したり、防災用品《ぼうさいようひん》を用意《ようい》するなど、自分でもできる小さな準備《じゅんび》を怠《おこた》りなくしてほしいと思います。

さて、いざ地震が来たら怖《こわ》いからといって、目を閉《と》じて縮《ちぢ》こまってしまわずに、机の下にもぐってかくれているときでも、目を開けてまわりを見て、耳をすまして音を聞いて、どうしたら少しでも安全だろうかと、自分でいっしょうけんめい、考えて動いてください。自分の体は自分で守らなければなりません。あわてず頭を使って、生き抜《ぬ》く方法《ほうほう》を考えてください。

安全を保《たも》つためには、どのようなことを考えればいいかを知っておきましょう。あわてないためには、慣《な》れていなければいけません。まず、日頃《ごろ》から、大人《おとな》の人と、自分たちが暮《く》らす場所や、よく行く施設《しせつ》について、どういう部分《ぶぶん》が、地震のときには危《あぶ》ないか、どうしたらその危ないことから身《み》を守れるのか、たくさん話し合っておくことが大切です。総務省《そうむしょう》　消防庁《しょうぼうちょう》のパンフレットやホームページの防災マニュアルを見ると、屋内《おくない》や屋外といった、いろいろな場所にいるときの注意が書いてあって、とても役に立ちます。地震が起きる前の準備《じゅんび》や、揺れがおさまってからの行動も説明《せつめい》されています。ぜひ、調《しら》べて、先生や友人、家族《かぞく》や近所の人といざというときのことを想《そう》像《ぞう》して、どうするかを話し合ってください。そして、避難訓練《ひなんくんれん》などで、実際《じっさい》に逃げてみて、難《むずか》しいところや、困《こま》るところを、よく知っておくといいでしょう。

それが、地震のときに、いちばん安全な方法といえるでしょう。

地震は、震源の深《ふか》さや、断層《だんそう》の動き方といった原因《げんいん》の種類《しゅるい》、震源からの距離《きょり》、自分がいるところの地盤《じばん》の様子《ようす》などで、揺れ方が違《ちが》いますが、おおむね次《つぎ》の二つの特徴《とくちょう》に分けられます。

まず、海の底《そこ》でプレートの動きのせいで起きる地震は、海溝型《かいこうがた》地震と呼《よ》ばれ、比較《ひかく》的《てき》深いところで起こります。プレートの沈《しず》み込《こ》みでたいへん大きなエネルギーが発散《はっさん》されるので、長い時間揺れ続け、広い範囲《はんい》に影響《えいきょう》が出る巨大《きょだい》地震になったり、大きな津波《つなみ》が打《う》ち寄《よ》せることもあります。多くは震源が遠いので、緊急《きんきゅう》地震速報《そくほう》が出たら、揺れ始《はじ》めまでに少し猶予《ゆうよ》があります。この地震はガタガタと揺れ始め、だんだん大きくなる傾向《けいこう》があり、大きくなってから長く揺れることがあるので、室内にいた場合、外に危険《きけん》が少なそうで、余裕《よゆう》があるならば屋外に出て安全を図るといいでしょう。

一方の内陸型《ないりくがた》地震は、陸側《りくがわ》のプレートの中で活断層《かつだんそう》と呼ばれる地面《じめん》の歪《ゆが》みがずれて起こります。地面の下の比較的浅《あさ》いところで起きるので、直下型ともいい、揺れる地《ち》域《いき》は狭《せま》く短《みじか》い時間の揺れになります。とはいえ、突《つ》き上げるような揺れは激《はげ》しく、特に震源の真上付近《まうえふきん》では被害が大きくなります。震源が近いので、緊急地震速報が間に合わないときもあるほどです。いきなりドンと来ますが、比較的早くおさまりますから、とりあえず、安全なところに身をひそめるのがいいでしょう。

**ゆいさんの答え**　頭を守り、倒れそうな物や落ちてきそうな物からは、離れたり隠れたりする。防災マニュアルを参考《さんこう》にふだんから訓練をする。

**まどかさんの答え**　地震の揺れ方は、震源の深さや断層の動き方などの原因の種類、震源からの距離、自分がいるところの地盤の様子などで大きく違う。海溝型は長く、内陸型は直下なのでいきなりドンと揺れ始める。

*プレートの動きについては21ページを参照

# 日本が夏のときに冬の国があるのはなぜ？

夏休みの今日はうだるような暑《あつ》さです。クーラーを入れて半袖《はんそで》を着《き》ていたひとみさんは、南半球が映《うつ》ったニュースを見て、生中継《なまちゅうけい》でセーター姿《すがた》の人が映っている様子《ようす》に不思議《ふしぎ》な感《かん》じがしました。

「季節《きせつ》が反対《はんたい》っていうのは知っているけど、やっぱり、なんだか信《しん》じられない感じ。」

そう思いながら、地球儀《ちきゅうぎ》を回してみたひとみさん。ふと、この地球儀が本物の地球なら、今、太陽《たいよう》はどこらへんにあるのかなと思いました。

「お兄ちゃん、今、太陽ってどのへん？」

タブレットを見ていた兄のまことさんは、ひとみさんの質問《しつもん》にちょっと首をかしげて、窓《まど》の外に輝《かがや》いているお日様《ひさま》を指《ゆび》さしました。

「違《ちが》う違う、本物じゃなくて、この地球儀が地球だとしたら、太陽はどこらへんかなって聞いてるの。」

「ああ、そういうこと。ええと、この地球儀は直径32センチメートルくらいだね。地球の本当の直径が1万3千キロメートルくらいだから、32センチメートルは0・32メートル、1万3千キロメートルは1千3百万メートルで、本物よりおよそ0・000000025倍《ばい》小さい世界《せかい》で考えていることになる。本物の太陽までの距離《きょり》は地球から……。」

ひとみさんはゼロの多さに、頭がクラクラしてきました。

大学生のまことさんは、ひとみさんが目を丸くしているのにはかまわず、タブレットに「地球、太陽、距離」とキーワードを入れて検索《けんさく》しました。

「だいたい1億《おく》5千万キロメートルだな。これを、地球儀の小さい世界で考えると、

1億5千万×0・000000025＝3・75だから、まあ、わかりやすく4キロメートル弱のところにあると考えると、花見ヶ丘駅《はなみがおかえき》の辺《あた》りかな。太陽の大きさも同じように調《しら》べて、直径35センチメートルの地球儀だと、太陽は10階建《かいだ》てくらいのビルが丸くなっている感じかな。ちょうど、駅ビルがそんな感じだろう。あれが太陽。」

「はあ……なんか、計算はちょっとついていけなかったけど、雰囲気《ふんいき》はわかった。今、昼だから、花見ヶ丘駅の駅ビルの太陽はあっちだから、日本に日が当たるようにして、こんな向きかな。」

ひとみさんが地球儀を回すと、まことさんはその地球儀をちょっと傾《かたむ》けました。

「今は、日本がある北半球が夏だから、太陽に対して、こんな感じに傾いているかな。北半球のほうが太陽に近い側《がわ》になるだろう。地球は太陽の周りを回っているから、本当は、この地球儀が花見ヶ丘駅を中心に4キロメートルくらいのところを、ぐるっと学校の向《む》こう側のほうを回ってここに戻《もど》ってくる。この傾きのまま移動《いどう》していくから、ちょうど反対側のほうに行くと、太陽に近いのは南半球のほうになる。」

またまたついていけなくなったひとみさんは、ぺこっと頭を下げてまことさんにお願いしました。

「ええっと、お兄様《にいさま》、もう少しわかりやすくお願《ねが》いします。」

地球は毎日、傾いて回転《かいてん》するコマのように自分で回転しながら、さらに1年かけて太陽の周りを回っています。これが、北半球と南半球の国を反対の季節にしています。

その回り方について詳《くわ》しく見てみましょう。地球には北極《ほっきょく》と南極があります。およそ、その辺りに軸《じく》を通して、くるくると回すコマにしてみてください。北から見下ろして反《はん》時《と》計《けい》回りにくるくる。地球の自転はそんな感じです。さらに地球は太陽の周りを回っていて、こちらを公転と呼《よ》びます。太陽の周りを公転するときの面《めん》から見て、自転の軸は約23度《ど》傾いています。いつでも同じように傾いたまま移動していくので、北半球側から太陽が当たる時期《じき》と、南半球側から当たる時期ができることになります。特《とく》に、赤道から遠い日本のような中《ちゅう》緯《い》度《ど》帯《たい》から、北極や南極に近い地域《ちいき》までは、両《りょう》半球の季節の違いがはっきりしていますし、四季の原因《げんいん》にもなります。

とはいえ、地球がいくら傾いているからといって、地球の大きさは太陽までの距離から考えるととても小さいので、夏の部分《ぶぶん》と冬の部分ではそれほど太陽に近くなるわけではありません。それなのに、なぜこれほどに温度《おんど》が違ってくるのでしょうか。

北半球にある日本で、それぞれの季節に、空に見える太陽について思い出してみましょう。太陽が赤道上空から照《て》らしてくる位置《いち》にあるときは、日本では太陽は少し斜《なな》めの空を通ります。これが春と秋です。太陽が北半球から照らしてくる場合は、日本では太陽は頭上を通る夏、南半球から照らしてくるとずいぶんと低《ひく》い空を通る冬となるわけです。

ここで、ストーブに手をかざしているときのことを考えてみてください。手のひらを広げてかざしていると暖《あたた》かいですが、そのまま、斜めにすると、暖《あたた》かさが半減《はんげん》します。だから、私《わたし》たちは手を温《あたた》めたいとき、まっすぐに手のひらの正面をストーブに向けます。

太陽から地球には一様《いちよう》に光が降《ふ》り注《そそ》いでいます。光が真上《まうえ》から垂直《すいちょく》に降り注ぐと、真下のせまい場所《ばしょ》にその光は集中して当たります。斜めから当たると、同じ量《りょう》の光が広い場所に広がることになり、一つの場所に当たる光の量は減《へ》ります。このように、太陽の当たり方で、地上の気温は大きく変《か》わります。冬が寒いのは、太陽が低いところから、斜めに当たるためなのです。

**問い** 日本が夏のときに、次《つぎ》の国は暑いか寒《さむ》いか。イギリス、エジプト、ニュージーランド、南極。

**答え** イギリスも夏で暑いが、日本よりは緯度が高いので少し涼《すず》しい。エジプトは赤道に近いので暑い。ニュージーランドは南半球なので、冬で寒い。南極も同じ。

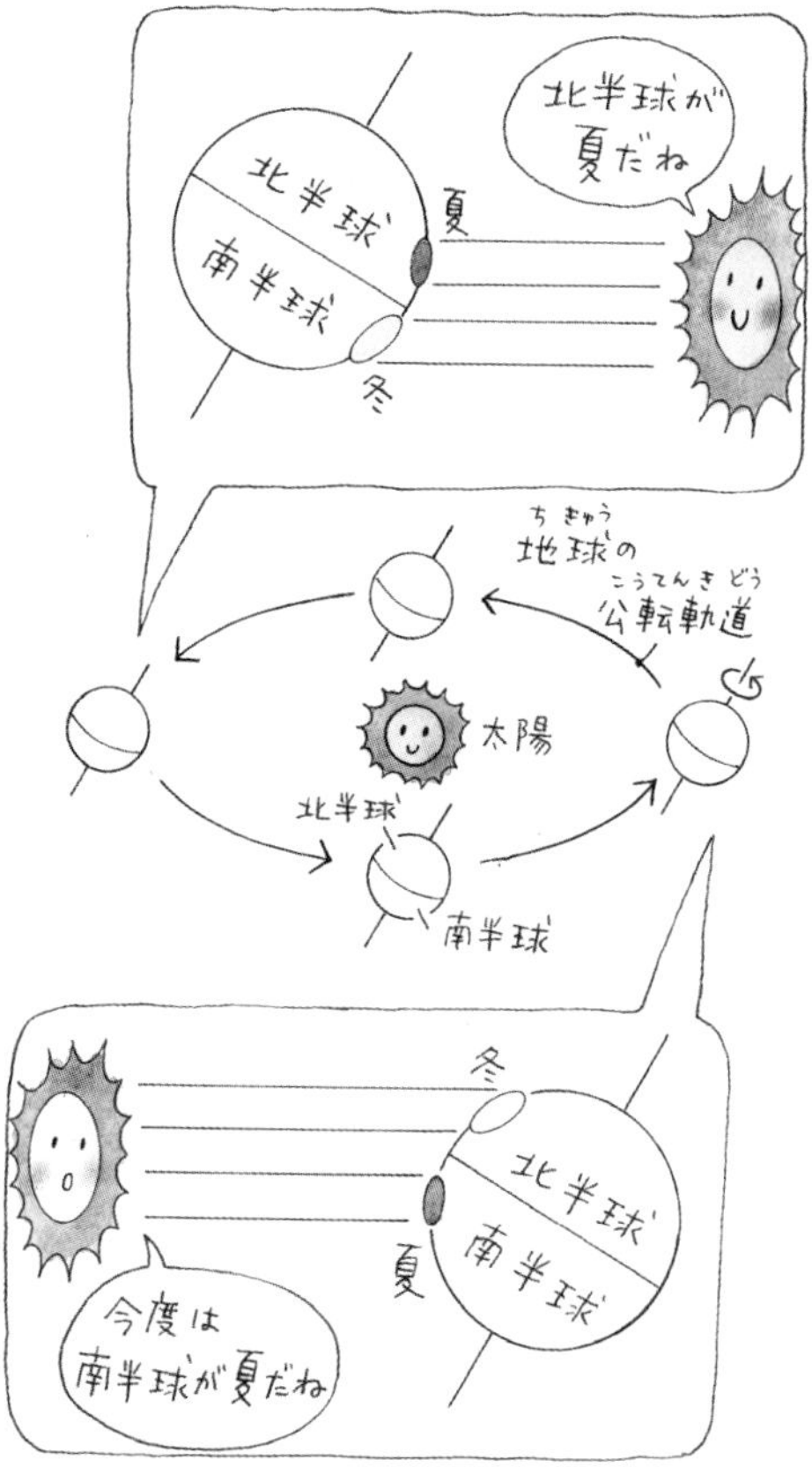

# 地《ち》球《きゅう》に生きているどんな生き物《もの》にも水が必《ひつ》要《よう》なの？

SDGs《エスディージーズ》の目標《もくひょう》の一つに「安全《あんぜん》な水とトイレ*を世界中《せかいじゅう》に」というものがあります。日本で暮《く》らしている私《わたし》たちは、水は水道の蛇口《じゃぐち》を開《ひら》けば出てくるものと思っています。日本の水道は世界でもトップレベルの事業《じぎょう》で、普及率《ふきゅうりつ》は98パーセントにもなっています。水質《すいしつ》の管理《かんり》も万全《ばんぜん》で、水道水は日本中どこでも安全に飲《の》めます。水道の水はおいしくないから、浄水器《じょうすいき》を使《つか》っているとか、ペットボトルでおいしい水を買っているという人もいるかもしれません。それは、あくまで、その人の好《この》みの問題《もんだい》で、飲んだからといってお腹《なか》をこわしたり、危険《きけん》な病気《びょうき》にかかったりする水は、日本の水道

からは流《なが》れ出てくることはないのです。世界にある２００カ国近い国々の中で、ここまで水環境《みずかんきょう》が整《ととの》った国は11カ国ぐらいだと言われています。だからこそ「安全な水を世界中に」と、ＳＤＧｓで改《あらた》めて目標としなくてはならないのです。

みなみさんたちは、今、水の大切さについて話し合っています。

みなみさんは、小さい頃《ころ》に断水《だんすい》を経験《けいけん》した話をしました。地震《じしん》の後に、みなみさんが昔《むかし》住《す》んでいたうちの辺《あた》りはどこも水が出なくなったのです。そのとき、広場に給水《きゅうすい》車《しゃ》という水をたくさん積《つ》んだ車が来て、そこに大きなペットボトルやポリタンクを持《も》って水をもらいに行きました。小さかったみなみさんにはなんだか不思議《ふしぎ》で、水を運《はこ》ぶ手伝《てつだ》いはおもしろかったのですが、今思うと大人《おとな》の人は大変《たいへん》だったと思います。

「水が少しだったからお父さんやお母さんは本当に不便《ふべん》だったみたい。飲み水はあったけど、パスタやおそばは茹《ゆ》でてもらえなかったな。食器《しょっき》や手を洗《あら》うのにも、トイレやお風呂《ふろ》も水がたくさんいるし。熱帯魚《ねったいぎょ》の水をどうしようって、困《こま》っていたなぁ……。あれ以来《いらい》、水を出しっぱなしにしちゃだめって、私まで弟に言うようになったくらい。」

自分の思い出を話したみなみさんは、最後《さいご》に、先生に質問しました。

「なんで、生き物は水がないと困るんですか。のどがかわいて死《し》んでしまうのはわかるんですけど、どうして、そうなるんですか。」

先生は「ほとんどの生き物が、体重《たいじゅう》の４分の３くらいは水でできていますからねぇ。」と言いました。

「なんで、そんなに水が多いんですか。」

「そうですねぇ……。生き物は海水よりももっと濃《こ》い、さまざまな小さな分子や化合物《かごうぶつ》が溶《と》けた水から、生まれたと考えられています。生きるための多くの部分《ぶぶん》を、水にたよっていても当然《とうぜん》ではないかと思います。」

「そうか、だから、水が必要なのは自然なことなんですね。生き物は全部《ぜんぶ》そうなんですか。」

「ええ、地球上で生きている生き物には必要と言っていいでしょう。特殊《とくしゅ》な種《しゅ》や虫、菌《きん》には、水がなくても長い期間生きられるものもいますが、それもいつかは水にふれなければ命《いのち》が維持《いじ》できません。水のさまざまな面《めん》を思い出して、それがどのように、生き物に大切なのかを考えてみましょうか。」

先生はそう言って、逆《ぎゃく》に、みなみさんたちに「世の中にはどんな水がありますか。」と尋《たず》ねました。

「ごくごく飲む水、海や川を満《み》たす水、空から雨になって降《ふ》ってくる水……。」

「食べ物や飲み物に含《ふく》まれている。塩《しお》や砂糖《さとう》を溶《と》かす。」

「地上の温《おん》度《ど》で、氷《こおり》にも水蒸《すいじょう》気《き》にもなれます。雪も氷河《ひょうが》ももとは水。」

「針《はり》ほどの穴《あな》からもにじみ出ていく。布《ぬの》にも紙にもしみていく。」

みんな、思い思いに答えます。

「そうですね。まず、ごくごく飲めるということは、地上にたくさんあって、手に入りやすいということです。これは大切なことです。地上のどこか特別《とくべつ》な場所にしかないものが、どうしても生きるのに必要だったとしたら、生き物はその場所にしか栄《さか》えることができず、今のように、たくさんの種類《しゅるい》が、地球のあらゆるところに、暮《く》らしていることはなかったでしょう。海にも川にも湖《みずうみ》にも満ちていて、雨となって地上をうるおしている水だから、それを生きるために使う生き物が、広がり、増《ふ》えてきたと思われます。」

なるほどと、みんな、先生の説明《せつめい》にうなずきました。

「次に、水はいろいろな物に含まれていて、いろいろなものを溶かせます。水の分子はとても小さく、それでいて、水分子同士《どうし》やほかの分子と手をつなぎやすいので、細い管《くだ》にも入り込《こ》んでいきます。さまざまなものの分子や原子を、あらゆるところでくっつけたり、離《はな》したりして、新しいものをつくり、エネルギーを取り出し、いらないものを捨《す》てて、片時《かたとき》も止まることがありません。」

「そうか、先生、だから人の体の中でも、消化《しょうか》に大切なだ液《えき》とか、体をめぐる血液《けつえき》とかの水分があるのですね。」

みなみさんが気づくと、みんなも次々《つぎつぎ》に言いました。

「体のすみずみにいろんなものを運べなければならないな。溶かし込んで、どこにでも入り込んでいって、行き渡《わた》らせて……水は、どうしても必要なものだね。」

「生き物の体は、呼吸《こきゅう》とか、脳《のう》を動かすとか、排泄《はいせつ》とかするから、水のそんな力が必要なんだね。それが生きるということか。」

そんなみんなの発言《はつげん》に、先生は感心《かんしん》して、よく考えられたねと言いました。

「水は固体《こたい》である氷《こおり》や雪、液体である水やお湯《ゆ》や湯気、気体である水蒸気と、身のまわりの温度や圧力《あつりょく》で三つの姿《すがた》をとれる、ただ一つの物質《ぶっしつ》です。おかげで、いらない水を蒸発させて、外に出すことができます。体から蒸発するときに、水は熱《ねつ》をうばっていきますから、体温の調整《ちょうせい》にも役立《やくだ》ちますよ。」

みなみさんはそれを聞いて、本当に水は、なくてはならないのだと思いました。

皆《みな》さんも「安全な水を世界中に」という目標の重《おも》みを改《あらた》めて感じてほしいと思います。

＊トイレについては１１４ページ参照《さんしょう》

## 産《さん》油《ゆ》国《こく》は世《せ》界《かい》中《じゅう》にあるけど、日本では石油は出ないの？石油からできるアスファルトはどんなことに使《つか》われたの？

けいさんとあゆみさんが図書館《としょかん》に行くと、前の道路《どうろ》をアスファルトで舗装《ほそう》していました。ちょうど水で冷《ひ》やしていて、蒸気《じょうき》が上がっています。二人は思わず足を止めました。

「アスファルトって道路によく使われてるよね。あんなふうに水で冷やすだけで、簡《かん》単《たん》に固《かた》まるんだ。」

「秋田のおばあちゃんが住《す》んでいる町に、アスファルトがわいているところがあるわよ。」

何気ないあゆみさんの言葉《ことば》に、けいさんは、びっくりしました。

「えっ？　日本にもアスファルトがわいてるの？　っていうか、アスファルトってわくの？　石油からできるんだよね。石油が出るところにいっしょに出るの？　でも、日本で石油は採《と》れないだろう？」

矢《や》継《つ》ぎ早《ばや》に質問《しつもん》されたあゆみさんは少しばかり困《こま》り顔です。

「ええっと、採れるわよ。秋田や新潟《にいがた》には石油が出たんだって。ただ、ほんの少しだったから、もう、利用《りよう》されなくなったところが多いって言ってた。おばあちゃんの住んでいる昭和町《しょうわまち》って言っていたところは、昔《むかし》から、自然《しぜん》に地面《じめん》から石油がしみ出して、火がつく水って言われていたらしいわ。アスファルトは正確《せいかく》には、地上に石油が出てくると、蒸発《じょうはつ》しやすい部分《ぶぶん》がなくなってしまって、黒い粘《ねば》っこいアスファルトのかたまりが残《のこ》るんですって。」

「すごいな。じゃあ、昔からアスファルトを使っていたかもしれないんだね。」

あゆみさんの説明《せつめい》に感心《かんしん》したけいさんは、そのまま図書館に入ると、アスファルトのことや、利用の歴史《れきし》について調《しら》べてみました。

『高温《こうおん》だと液体《えきたい》になるから道路に塗《ぬ》りやすく、冷やすと固体《こたい》になってその道路はすぐ使える。そんな便利《べんり》なものがアスファルトです。現在《げんざい》は石油を蒸留《じょうりゅう》したときに残る石油アスファルトを利用していますが、昔は石油がわくところに自然にできる天然《てんねん》のアスファルトを利用していました。石油はさまざまな微生物《びせいぶつ》の死骸《しがい》がもとですから、含《ふく》まれている物質《ぶっしつ》も複雑《ふくざつ》です。現在でも実《じつ》は、石油のでき方は完全《かんぜん》に解明《かいめい》されているわけではないし、アスファルトに含まれているすべての物質が、１００パーセントわかっているわけでもありません。石油を精製《せいせい》する際《さい》に取《と》り出せますが、アスファルトを一から人工的《じんこうてき》に合成《ごうせい》して作ることはまだできません。

　もっとも、物質が多少わからなくても、水を通しにくい、電気を通しにくいなど、性質《せいしつ》ははっきりしていますから、防水《ぼうすい》に使われ、接着《せっちゃく》に使われ、電池の電気を通さない部分にも使われます。』

　ここで、けいさんは、またびっくりしました。だって、あれほど当たり前にあるアスファルトの正体が、まだ１００パーセントわかっているわけではないというのです。

「正体はわからないけど、性質がわかっているから利用できるってことか。」

あゆみさんは、けいさんと顔を見合わせました。

「そういえば、話は全然違《ちが》うけど、飛行機《ひこうき》が飛《と》べるのも、大まかな理由《りゆう》はわかっていても、そのときの空気の流《なが》れがどうなっているか100パーセントわかっているわけじゃないって聞いたことがあるわ。そういうことはたくさんあるはずよ。理科では100パーセント正体がわからなくても、どうするとどうなるっていう関係がわかっていれば、それを利用していくのね。」

「うん。さあ、続《つづ》きを見てみよう。」

『現在、世界中に石油が採れる場所がたくさんありますが、その中のいくつかでは大昔からアスファルトを利用してきたことが、遺跡《いせき》の出土品《しゅつどひん》でわかっています。

1998年10月19日、秋田県《あきたけん》の田沢湖《たざわこ》町（当時）で、今から4000年ほど昔の縄文時代《じょうもんじだい》の土器《どき》の中から、2・5キログラムものアスファルトのかたまりが発見されました。これまで日本国内で見つかった、大昔のかたまりとしては、最大《さいだい》の大きさだったそうです。日本列島《れっとう》の北の地方では、大昔にアスファルトが盛《さか》んに使われていました。

といっても、道路の舗装にではありません。土器の接着剤《せっちゃくざい》として、土偶《どぐう》の欠《か》けた部分の補修用《ほしゅうよう》に、石を棒《ぼう》につけて槍《やり》にするために、そして、船の内側《うちがわ》に塗って水が漏《も》れないようになど、今とはだいぶ違う使われ方をしていたのです。

およそ５０００年以上昔、チグリス・ユーフラテス川周辺《しゅうへん》の広い地域《ちいき》で栄《さか》えた、古代《こだい》メソポタミア文明の各《かく》王朝は、建築《けんちく》に、彫刻《ちょうこく》に、工芸《こうげい》にと、アスファルトを接着や防水のために使っていました。フランスのルーブル美術館《びじゅつかん》に行くと、そのいくつかが見られます。

また、３０００年以上《いじょう》も昔、フェニキア人たちは、シリアで採れたレバノン杉《すぎ》を使い、アスファルトで塗り固めた、黒い船をあやつって、地中海を行き来していました。この船で金、銀《ぎん》、青銅《せいどう》、象牙《ぞうげ》などを運《はこ》び、美《うつく》しく細やかな飾《かざ》り物《もの》を作り、各国に売っていたそうです。この飾りの一部にもアスファルトが接着に使われました。

ほかにも世界中には、ギリシャ、インド、南米、中国……まだまだアスファルトの記録《きろく》が残されています。２０００年前後の昔に栄えた、古代パルティア王朝の遺跡、現在のイラクのバグダッドで粘土のつぼが発見されました。中には銅製の筒《つつ》と、その中に鉄《てつ》の棒。固定《こてい》するためにアスファルトが入っていて、電池以外に考えられないといわれています。今の乾電池《かんでんち》より少し弱い電気が取り出せたはずで、金細工に使っていたのではないかと推測《すいそく》されています。

太陽《たいよう》の光で変化《へんか》する性質を発見して写真《しゃしん》に利用した人もいました。これは比較的《ひかくてき》最近、今から２００年近く前で、写真の第1号《だいいちごう》です。白ろうの板《いた》にアスファルトを塗《ぬ》って、写真の感光板《かんこうばん》第1号ができました。フィルムの先祖《せんぞ》です。これは8時間ぐらい光に当てないと写《うつ》らなかったので、もっと短《みじか》い時間で写るものへと変わっていったために、あまり知られていません。』

「うわあ、すごすぎる。アスファルトは大活躍《だいかつやく》だね。」

「思った以上に、いろいろなものに使われていたのね。でも、これなら、今でもまだ道路以外にも使われていそうだな。」

そう思った二人は、ほかの本も調べてみました。

「あったわ。現在でも中近東には、フェニキア人のようにアスファルトを船の防水に使っている地域があるって。」

「こっちには、おもしろい記事がある。日本で、縄文時代の海を行く船を再現《さいげん》した人たちがいたんだって。縄文時代にも詳《くわ》しい北海道の船大工さんが、アスファルト接着、防水を施《ほどこ》した丸木舟《まるきぶね》をつくりましたって書いてある。２００２年に行われた、縄文時代に船で盛んに行き来した人々の交流《こうりゅう》を再現したイベントで、その船を使って、漕《こ》ぎ手たちが実際に津軽海峡《つがるかいきょう》を横断《おうだん》したそうだよ。なんか、かっこいいな。」

現在、石油を採れる油田は世界中に7万ほどと言われていますが、ほかの国に売れるほど安定してたくさん採れる油田は限《かぎ》られていて、主《おも》に中東、アメリカ、ロシア周《しゅう》辺《へん》、中国にあります。石油は天然《てんねん》にできたものですが、利用方法《ほうほう》によっては、プラスチックのような人工のものも多く作ることができます。また、燃《も》やすと当然ですが二《に》酸化炭素《さんかたんそ》が出ます。石油はたいへん便利で、とてもたくさん地下に埋《う》まっていたので、利用の方法が進《すす》むにつれて、大量《たいりょう》の消費《しょうひ》をするようになっています。利用方法の種《しゅ》類《るい》や利用する量があまりに多いので、今、地上の環境《かんきょう》に悪影響《あくえいきょう》をおよぼし始めています。

ＳＤＧｓ《エスディージーズ》の「エネルギーをみんなに　そしてクリーンに*」や「つくる責任《せきにん》　つかう責任」といった目標については、石油の利用に関係があります。利用する場面をよく考え、各国がそれぞれの状況《じょうきょう》を認《みと》め合って、利用量を減《へ》らしたり、使い方を工夫《くふう》することで、より良い方向《ほうこう》に進めるのではないかと考えられています。そのための協《きょう》力《りょく》が「気候変動枠組条約締約国会議《きこうへんどうわくぐみじょうやくていやくこくかいぎ》（ＣＯＰ）」や「世界石油会議」などの多くの国際会議の場で話し合われ、約束事《やくそくごと》が決められています。

*クリーンなエネルギーについては１６３ページを参照《さんしょう》

# 外国に行くのに飛行機《ひこうき》に乗《の》ると放射線《ほうしゃせん》を浴《あ》びるって本当？

けんたろうさんは学校で親善大使《しんぜんたいし》に選《えら》ばれて、県《けん》の子ども訪問団《ほうもんだん》としてオーストリアに行くことになりました。

行く先の国はどういうところかをよく調《しら》べて、それから日本はどういう国で、自分の住《す》んでいる町や学校の様子《ようす》も伝《つた》えられるように準備《じゅんび》しました。日本語とちょっぴり英語《えいご》で用意《ようい》しましたが、本当はオーストリアで使《つか》われているドイツ語で話せたらな……と思いました。

「あいさつとありがとうは覚《おぼ》えたぞ。今回は間に合いっこないけど、行きたい国の言《こと》葉《ば》を少しはわかるようになっていきたいな。スマホでけっこう翻訳《ほんやく》できるけど、やっぱり自分の口でも言いたいよ。」

そんなことをお母さんに言うと、昔《むかし》、飛行機のキャビンアテンダント*をしていたお母さんは、「いい心がけ！」とほめてくれました。

「長い時間飛行機に乗るから、はしゃぎすぎないでちゃんと眠《ねむ》ってね。けっこう乾燥《かんそう》するから、のどがかわいてきたら飲《の》み物《もの》やあめをくださいって言うのよ。」

お母さんはいろいろ心配《しんぱい》をしてくれます。飛行機に詳《くわ》しいお母さんに、けんたろうさんは気になっていたことを聞きました。

「理科クラブの仲間《なかま》が、地上より太陽《たいよう》に近いから、放射線に気をつけろって言うんだ。大丈夫《だいじょうぶ》だよね？」

お母さんは目を丸くして「私《わたし》は毎年何十回も乗ったけどなんともなかったわよ。今も元気。でも、そういえば検査《けんさ》はあったわね。」お母さんはそう言って、放射線について解説《かいせつ》してある本を見せてくれました。

飛行機で上空を飛行すると放射線を浴びるのは本当です。ただし、飛行機に乗らなくても、私たちはふだんから放射線を浴びています。建物《たてもの》や大地、空気中にも放射線を出す放射性物質《ほうしゃせいぶっしつ》はあります。人はもともと放射線がある環境《かんきょう》で進化《しんか》してきているので、自然《しぜん》に存在《そんざい》する放射線が危険《きけん》なわけではありません。それを超《こ》える放射線をたくさん浴びすぎると、人の体に影響《えいきょう》が出ます。

ふだん浴びている放射線の中には、宇宙《うちゅう》から飛来《ひらい》する放射線（宇宙線）もあります。地球《ちきゅう》には大気があり、宇宙線は、ずいぶんさえぎられています。しかし、高度《こうど》が増《ま》すと、大気の厚《あつ》みが減《へ》り、それにともなって宇宙線は強くなります。航空機《こうくうき》が飛行する10〜12キロメートルの高さでは、平地《へいち》に比《くら》べて、宇宙線の量《りょう》は１００倍近くになります。

具体的《ぐたいてき》には、ニューヨークや、ロンドンまでの直行便《ちょっこうびん》に一回乗ると、レントゲン検査を一〜二回受《う》けたのと同じ量の放射線を浴びることになります。

航空機で飛行中に浴びる宇宙線の主《おも》な成分《せいぶん》は、銀河系《ぎんがけい》や、ほかの銀河から飛来した高エネルギーの粒子《りゅうし》が、大気の原子や分子と衝突《しょうとつ》して、そこで生まれるエネルギーの高い細かい粒子です。名前を挙《あ》げてみましょう。中性子《ちゅうせいし》、陽子、電子、光子、パイ粒子、ミュー粒子などです。中性子と陽子は、ものを作っている粒《つぶ》である原子の中にあります。中心にある原子核《げんしかく》を作っている二種類《しゅるい》の粒です。電子は原子核のまわりを飛《と》び回っている、小さな粒です。

また、後ろの二つ、パイ粒子とミュー粒子は「素粒子《そりゅうし》」と呼《よ》ばれる、もっと小さな、物質のおおもとの不思議《ふしぎ》な粒です。といっても粒と名がついていますが、私たちが想像《そうぞう》する粒とはまったく違《ちが》った存在です。最近《さいきん》はこのような不思議な粒といえないような粒の研究《けんきゅう》が進《すす》んでいて、宇宙や時空の解明に大きな役割《やくわり》を果《は》たしています。

これらのうち、上空での放射線でもっとも人に影響するのは中性子です。浴びる量全体の半分ほどを占《し》めると推定《すいてい》されます。旅行《りょこう》などでたまに乗るぶんには問題《もんだい》ありませんが、日常《にちじょう》、ひんぱんに乗ることになる飛行機の乗務員《じょうむいん》は注意《ちゅうい》しています。航空《こうくう》会社では、量子科学技術研究開発機構《りょうしかがくぎじゅつけんきゅうかいはつきこう》に協力《きょうりょく》してもらい、浴びた放射線の量を測定《そくてい》して、多くなりすぎないように気をつけています。

現在《げんざい》、太陽フレアの対策《たいさく》が問題となっています。

太陽フレアとは、太陽の黒点のまわりで起こる、巨大《きょだい》な爆発《ばくはつ》のことです。太陽の上空のコロナには、磁石《じしゃく》と同じエネルギーがたまっていて、それが短時間《たんじかん》のうちに一気に変化《へんか》して、爆発につながります。その際《さい》、ものすごいエネルギーを持《も》った大量の粒子が、一瞬《いっしゅん》で、宇宙空間へ放出《ほうしゅつ》されます。その一部《いちぶ》が、まれに地球に届《とど》いて、大気圏《たいきけん》内《ない》の宇宙線が、急《きゅう》に増えることがあります。これは、地上の電子機器《きき》や、通信《つうしん》に影響を与《あた》えるのではないかと心配されています。同様に、一気にふだんより多くの放射線を浴びることになるので、飛行機の乗務員や、宇宙《うちゅう》飛行士《ひこうし》への影響に注意が向けられています。

＊飛行機の中で乗客のお世話をしてくれたり、危険に対処《たいしょ》してくれたりする客室乗務員のこと。

2

# 歴《れき》史《し》と理科

# 江戸《えど》時代に作られたサクラの「ソメイヨシノ」、いっせいに咲《さ》くのはどうして？

今年も中央通《ちゅうおうどお》りの桜並木《さくらなみき》がいっせいに花開《はなひら》きました。まおさんの学校のサクラも、公園のサクラもいっせいにうすピンクの花びらがほころんで、春風に揺《ゆ》れています。

「きれいだねえ、おじいちゃん。」

まおさんは、仲良《なかよ》しのお隣《となり》のおじいさんと散歩《さんぽ》をしています。おじいさんは植木屋《うえきや》さんだったので、木や花のことをよく知っていて、いつも、まおさんがびっくりするようなことを教えてくれます。今日もおじいさんは辺《あた》りを見まわして両手《りょうて》を広げてみせました。

「まおちゃんや、今この町中、いや隣町もそのまた隣も、この辺りのサクラがいっせいに開いているんだよ。」

「すごいなあ。みんな気温《きおん》とか、お日様《ひさま》が照《て》る長さとかで春を感《かん》じて開くんじゃないの？」

「サクラは気温だな。それぞれの地域《ちいき》で、ある温度《おんど》になって一輪《りん》が咲くと、とたんに木全体《ぜんたい》、その地域全体で、わっとばかりに満開《まんかい》になる。もちろん、枝《えだ》の伸《の》び方《かた》や、木の生えている場所の違《ちが》いで、開き方に多少の違いはあるが、ほぼ、いっしょといっていいから、開き始《はじ》めたと聞くと、みんながこぞってお花見に行くんだ。いっせいに咲くサクラはソメイヨシノという種類《しゅるい》なんだが、今、日本中にたくさん生えているソメイヨシノは全部《ぜんぶ》、一本の木から生まれたといってもいい。」

「え？　一本の木から？　うそ……。」

　まおさんにはちょっと信《しん》じがたい話です。だって、日本中にソメイヨシノが何本あると思いますか。もちろん数えたことはありませんが、今、見えているだけでも百本くらいあります。きっと、ものすごい数です。

「いや、さすがに、それはないでしょう。」

「私《わたし》も初《はじ》めて聞いたときはそう思った。江戸時代《えどじだい》のことらしいんだが、白っぽくて大きな花をつけるオオシマザクラと、葉《は》より先に花をつけるエドヒガンが合わさってソメイヨシノが生まれたらしい。植木屋がかけ合わせて作ったのか、自然《しぜん》にできたのを育《そだ》てたのかは、いろいろ説《せつ》があるけどね。」

江戸時代の話が出てきました。その頃《ころ》は、植木を作るのが流行《りゅうこう》して、キクやアサガオ、ツバキなどの花やオモトの葉など、実《じつ》にたくさんの植物《しょくぶつ》のきれいなのやおもしろいのを工夫《くふう》して、いろいろな種類ができたそうです。

「実はソメイヨシノはタネでは増《ふ》やせないんだ。子どもができないということだ。だから、つぎ木*や、さし木で増やす。つまり、もともとのソメイヨシノとまったく同じ性質《せいしつ》の親のコピーなので、日本中のソメイヨシノが同じ木と考えても、間違《まちが》いではないんだよ。同じものだからいっせいに咲く。一種のクローンと言ってもいい。」

「おお、クローン！　なんか、不思議《ふしぎ》……。あれっ、でもクローンって最近《さいきん》の技術《ぎじゅつ》じゃないの。」

まおさんが首を傾《かし》げると、おじいさんは「そうだよ」と言いました。

「さし木などは、あくまで、まったく同じ性質を持《も》っているという意味でのクローンだ。まおちゃんの言う、細胞《さいぼう》を利用《りよう》した技術は、20世紀《せいき》の中頃《なかごろ》になってからだ。初《はつ》クローンはニンジンで、たった一つの細胞から完全体《かんぜんたい》を作れた。その後、植物で実用的《じつようてき》に使《つか》えるように工夫されて、現在《げんざい》は花のランやサツマイモ、ジャガイモ、イチゴなど、クローンの苗《なえ》が活躍《かつやく》しているよ。」

「それって、いい苗をたくさん増やせるから、みんなが利用できて収穫《しゅうかく》が増えたり、味《あじ》が安定《あんてい》するっていうことだよね。学校でイチゴ狩《が》りに行ったとき、農家《のうか》のおじさんがお話ししてくれた。だから、私、ＳＤＧｓ《エスディージーズ》の『陸の豊《ゆた》かさも守ろう』や『飢餓《きが》をゼロに』に役立《やくだ》ってるのかなって思ったんだ。だって、生態系《せいたいけい》や生物の多様性《たようせい》を守《まも》ったり、十分な食糧《しょくりょう》のために、クローンって役に立ちそうじゃない。」

自分の気づきを言葉にしたまおさんに、おじいさんも同意してくれました。

「たしかに、そういう目的のために利用できる技術の一つがクローンだね。一方で、どれも同じ性質の苗なので、病虫害《びょうちゅうがい》でいっせいにダメになる危険性《きけんせい》もある。また、人気の苗を作っている会社に頼《たよ》らなければ作れなくなってしまうかもしれないし、それで多様性が失《うしな》われるかもしれない。よく考えて使う必要《ひつよう》があるね。」

まおさんも、大きくうなずきました。

「一長一短《いっちょういったん》なんだね。つまりは、便利《べんり》な技術を使う私たちがどういう世界《せかい》を目指《めざ》すかをきちんと考えて、よく話し合って協力《きょうりょく》できる人と手をつないでいくしかないってことだね。」

＊台にする木に、きれいに切った別《べつ》の木の枝を動《うご》かないようにつけて、うまく一つの木にする増《ふ》やし方。

## いろいろな機械《きかい》に磁石《じしゃく》がかくれている。磁石を誰《だれ》が初《はじ》めに作ったの？　なんでこんなに使《つか》われているの？

**ことこさんの問《と》い**　磁石は「石」ってついているけど、本当に石の仲間《なかま》なの？　それとも人が作ったけれど、石みたいに硬《かた》いからそういうの？

**くろうさんの問い**　磁石はいろんなものに使われている。でも、くっつけるのに使ってるだけじゃないのはなぜ？

磁石のルーツは2通りあります。一つは磁鉄鉱《じてっこう》という石で、これは、地球《ちきゅう》ができあがっていく間にできました。もう一つは宇宙《うちゅう》からやってくるいん石《せき》です。

英語《えいご》で磁石のことをマグネットといいます。今から２５００年以上《いじょう》も昔《むかし》、古代《こだい》ギリシャのマグネシアという地方では、羊飼《ひつじか》いの鉄のつえがくっつく岩がありました。それが磁鉄鉱であったといわれ、その地名が磁石の語源《ごげん》になったという説《せつ》があります。

いん石は磁石の力を持《も》ったものが多く、南米のアンデス地方では「空から磁石が降《ふ》ってくる。」というそうです。同じ頃《ころ》、中国では磁石の磁は、慈《いつく》しむという字を使っていたそうです。「慈」は、お母さんが正座《せいざ》をして座《すわ》って、赤ちゃんをぴたっと体にくっつけて、だっこしている姿《すがた》の象形文字《しょうけいもじ》です。磁石がぴったりくっつく様子《ようす》が、それを思い起《お》こさせるからだそうです。

　また、中国では、磁石が方角を示《しめ》すことにも気がついていました。ラーメンを食べるときついてくる、レンゲというスプーンのような形をした方位磁石《ほういじしゃく》を作り利用《りよう》していました。この形のスプーンの底《そこ》を、丸くすべすべにすると、持ち手のところが倒《たお》れずに、くるくる自由《じゆう》に回転《かいてん》します。うまいことを考えましたね。この道具《どうぐ》の名は「司南之杓《しなんのしゃく》」と呼《よ》び、北斗七星《ほくとしちせい》の形をまねたそうです。

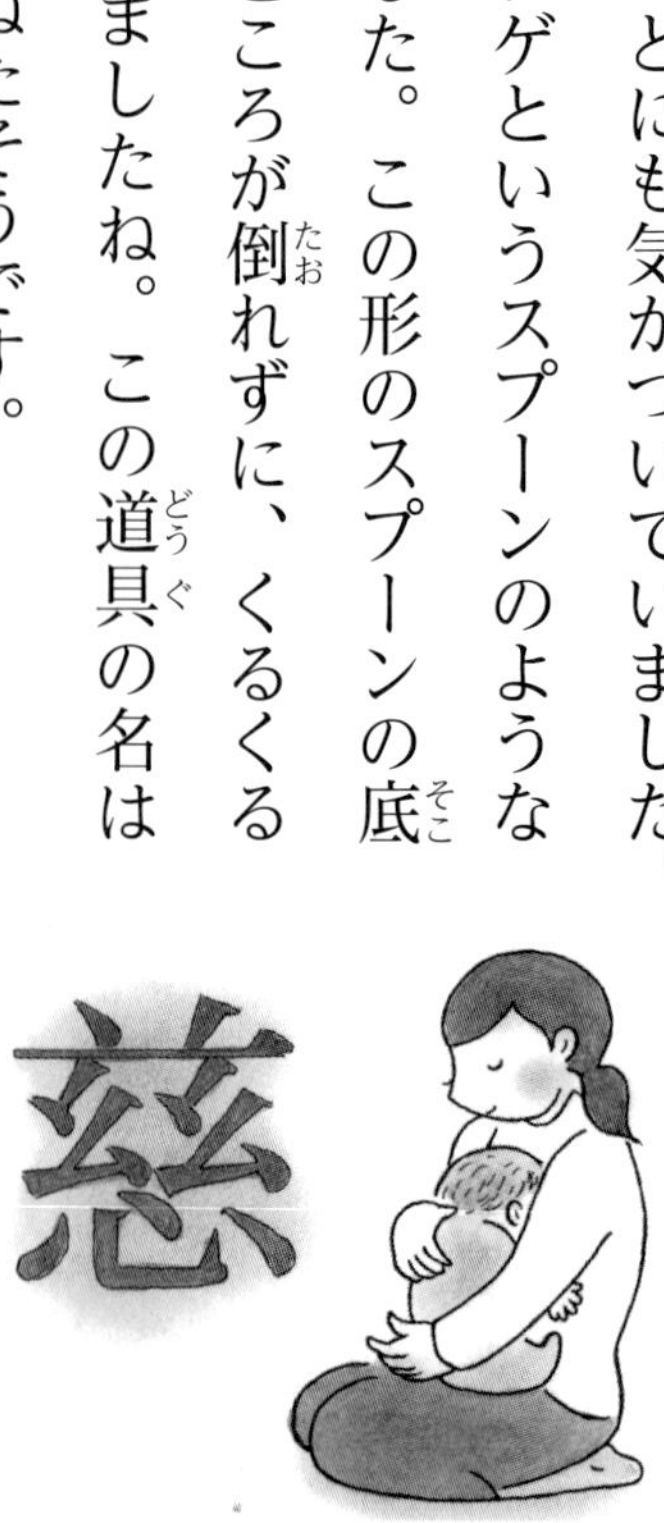

700～800年頃《ころ》、日本でも磁鉄鉱が発見《はっけん》されています。ちょうど、奈良時代《ならじだい》のことで、当時の本に、近江《おうみ》の国（今の滋賀県《しがけん》）で発見され、天皇《てんのう》に献上《けんじょう》されたと書かれています。

いずれも、離《はな》れたところから引きつけることができ、また、鉄や磁石だけを引っぱるので、不思議《ふしぎ》な力だと思われました。先ほどのギリシャの学者《がくしゃ》たちをはじめ、多くの人たちがこの力の源《みなもと》を知ろうとしました。そして、星からの力と考えたり、生き物《もの》のたましいが力の源であると考えたりしました。また、金銀《きんぎん》ダイヤモンドを引きつける、ニンニクでこすると力が消《き》える、船は海上の磁石の島《しま》に近づくと釘《くぎ》が抜《ぬ》けてバラバラになるなど、間違《まちが》った考えも、広く信《しん》じられていました。

　このように、磁石は、初めに自然にある岩が発見され、その性《せい》質《しつ》が便利《べんり》なことに気がついた人たちが、方位磁石として利用する

羅針盤《らしんばん》

司南之杓

ようになりました。方位磁石は、やがて、羅針盤《らしんばん》という、船で航海《こうかい》するときに方角を知る器械《きかい》へと発展《はってん》していきます。

しかし、磁石の性質の、本当の意味《いみ》での研究《けんきゅう》が始《はじ》まるのは、ずっと後の17世紀《せいき》になろうとする頃まで待たなければなりませんでした。さらに、磁石や電気は、初めは別々《べつべつ》に研究されましたが、似《に》た性質や互《たが》いに影響《えいきょう》することがわかってきて、本格的《ほんかくてき》に電気と磁気として研究されるのは19世紀の初めからです。今は電磁気力というひとまとまりの力としてセットで考えます。

電気と磁気は互いに影響*し合って、モーターのように動《うご》きを生み出すことができます。モーターはスマートフォンなどのバイブレーション、電気を使った車輪《しゃりん》の回転、自動扉《じどうとびら》や窓《まど》の開閉《かいへい》、掃除機《そうじき》やエアコンなど、日常《にちじょう》さまざまなところに使われています。一方で、磁石を動かすだけで導線《どうせん》に電流《でんりゅう》が生じることもわかりました。つまり、磁石を使えば、ものの動きから電気を生み出すことができるようになったのです。発電機は、石油《せきゆ》の燃焼《ねんしょう》や地熱《ちねつ》、原子力の熱が作る蒸気《じょうき》や、水や風、波《なみ》の力などで、タービンを回し、その動きを発電機により電気に変《か》えています。

現在《げんざい》活躍《かつやく》している磁石は、20世紀になって日本人**によって作り出された当時最《さい》強《きょう》の永久《えいきゅう》磁石「ＫＳ鋼《こう》」が始まりです。その20年後にフェライト磁石***が、とても強く引きつけることで知られるネオジム磁石****は１９８２年にいずれも日本で発明されています。

**ことこさんの答え**　もともとは自然の石。今使われているのは同じ性質を持つ石を人が発明した。

**くろうさんの答え**　くっつける以外に、電気といっしょに使うと、ものを動かせる。導線のそばで動かすと電気を作れる。

＊電気と磁気の関係については72ページを参照《さんしょう》

＊＊１９１７年東北帝国《ていこく》大学の本多光太郎《ほんだこうたろう》と高木弘《たかぎひろむ》の発明

＊＊＊１９３７年東京工業大学の加藤与五郎《かとうよごろう》、武井武《たけいたけし》により発明

＊＊＊＊１９８２年住友特殊金属《とくしゅきんぞく》　佐川眞人《さがわまさと》により発明

# どうして浮《う》かぶ風船と浮かばない風船があるの？

「りんおねえちゃん、この風船はなんで飛《と》ばないの？」

りんさんは親《しん》せきの男の子のそうさんと遊《あそ》んでいます。ちょうど風船に息《いき》を吹《ふ》き込《こ》んでふくらませたところです。

「息だと浮かばないのよね。そう君《くん》の息はこの辺《あた》りの空気を吸《す》ってはいているでしょう。ぷかぷか浮き上がるほど軽《かる》い空気じゃないの。それにふくらんでいない風船も、このテーブルの上に置《お》くことができて、浮き上がらないでしょう。ゴムの重《おも》さがあるの。」

りんさんは、そうさんがわかるように考えて説明しました。そうさんは「ふうん」と首を傾《かし》げながら、ぽんぽんとふくらんだ風船を手で跳《は》ね上げています。なんだかかわいそうな気がして、りんさんは言い足しました。

「ヘリウムガス風船なら浮かぶんだけどな。おもちゃ屋《や》さんで売っているわよ。」

「その風船だと浮かぶの？　なんで？　軽いの？」

「ええと、ヘリウムって空気みたいなんだけど、空気より軽いの。そう君は氷《こおり》もとは水だって知ってるよね。同じ水でも氷は水に浮かぶでしょう。同じみたいなものでも、ちょっと軽いものがあるんだよ。」

りんさんはもっとくわしく言いたいけれど、そうさんには少し難《むずか》しいかもと思い、そうさんがわかりそうなところまで説明してみました。

「わかった。浮く風船と浮かない風船では、風船の中に入っているものが違《ちが》うんだね。」

そうさんはそう言って満足《まんぞく》してくれました。

実《じつ》は、りんさんがもう少し言いたかったのはこういうことです。

「空気より軽い」と簡単《かんたん》に言いましたが、ものの重さは、同じものでも体積《たいせき》が違《ちが》うと変《か》わってしまいます。体積を１立方メートル、または１立方センチメートルに決《き》めた重さを「密度《みつど》」といいます。

実は、空気にも重さがあり、ビニール袋《ぶくろ》のように決まった場所《ばしょ》に閉《と》じ込《こ》めることもできるので、体積を決めることもできます。つまり「密度」をはかることができるのです。空気の密度は、ふくまれている水蒸気《すいじょうき》の量《りょう》や、温度《おんど》によって違いますが、１立方センチメートルでおよそ０・００１３グラムです。

この空気を基準《きじゅん》に、これよりも密度が小さいものがあれば、空気より軽いという言い方ができます。それを空気の中に入れると、そのものは浮くはずです。

空気の中に、空気を閉じ込めた風船を置いても、風船のゴムの重さの分、空気より重いので、地面《じめん》に落《お》ちてしまいます。けれども、空気の中に、空気よりもずっとずっと密度が小さいものを閉じ込めた風船を置いたら、風船のゴムの重さの分を差《さ》し引いても、浮きあがるはずです。

浮く風船には、空気の７分の１くらいの密度の「ヘリウム」が入っています。ヘリウムは空気の中にも少しふくまれている物質《ぶっしつ》ですが、本当に少しです。そのため、ヘリウムだけを入れた風船は浮きやすくなります。ヘリウムガス風船として売っているものには、ゴムより軽く、空気も抜《ぬ》けにくいフィルムバルーンと呼《よ》ばれるナイロンフィルム製《せい》のものが多くなっています。ただし、空に放《はな》つ風船は、天然素材《てんねんそざい》で自然《しぜん》に分解《ぶんかい》するゴム風船を使用《しよう》するということが決まっています。

ヘリウムで浮かぶ風船の大きなものに飛行船《ひこうせん》があります。大空に広告《こうこく》をつけて飛んでいたり、大気上空の観測《かんそく》のためにあげられたりします。ヘリウムよりももっと密度が小さい、空気の14分の１ほどの「水素」は、とてもよく浮かぶので、昔は風船や飛行船に使《つか》われましたが、火のそばでは爆発《ばくはつ》する危険《きけん》があるので、今は使いません。というのも、１９３７年に飛行船ヒンデンブルグ号《ごう》が爆発炎上《えんじょう》して、死者《ししゃ》36人を出すという事故《じこ》があったからです。１００年ほど前には、できたばかりの飛行機《ひこうき》よりも多くの旅客《りょかく》を安定《あんてい》して運《はこ》べる、水素で飛ぶ飛行船が活躍《かつやく》を始《はじ》め、定期航路《ていきこうろ》もできていました。

ところで、同じように空に浮かぶものに、気球《ききゅう》があります。これも密度が小さい気体を利用《りよう》していますが、それは、空気です。空気はあたためるとふくらみ、同じ体積あたりでは軽くなります。部屋の暖房《だんぼう》でも感《かん》じるように、熱《あつ》い空気は上へ昇《のぼ》っていきます。これを利用したのが気球です。

人間を乗せて初《はじ》めて空に昇ったのは、フランスのモンゴルフィエ兄弟が１７８３年に作った気球でした。時代《じだい》はちょうどハーシェルが天王星を発見し、太陽系《たいようけい》が土星よりもまだ広がっていることがわかった二年後、イギリスがアメリカ合衆国《がっしゅうこく》の独立《どくりつ》を承認《しょうにん》した年です。

兄弟は時の国王ルイ16世《せい》に有人飛行《ゆうじんひこう》の許可《きょか》をもらうことに成功《せいこう》します。ルイ16世と言えばその後まもなくフランス革命《かくめい》でギロチンの露《つゆ》と消えますが、科学《かがく》に大いに理解《りかい》を示《しめ》し、数々の活動《かつどう》を擁護《ようご》していた人でもありました。

兄弟が作った気球は、空気を熱して上昇《じょうしょう》する現代《げんだい》の熱気球と同じものですが、風船部分《ぶぶん》の素材《そざい》は強靭《きょうじん》な紙でした。兄弟の家業《かぎょう》が紙屋《かみや》だったからです。乗《じょう》船《せん》したのはダルランド侯爵《こうしゃく》ら二人。３００フィートの高度《こうど》に上昇したあと、ブローニュの森から5マイル半を25分かけて飛行したと記録されています。このニュースはオランダ経由《けいゆ》で四年後にはもう江戸《えど》に伝《つた》わり、『紅毛雑話《こうもうざつわ》巻ノ二』に図付きで掲載《けいさい》されました（下図）。

**問い** 気球を地上に下ろすにはどうしたらいいかな？

**答え** 熱い空気を逃《にが》して、気球の内側の空気を周りの温度に近づける。

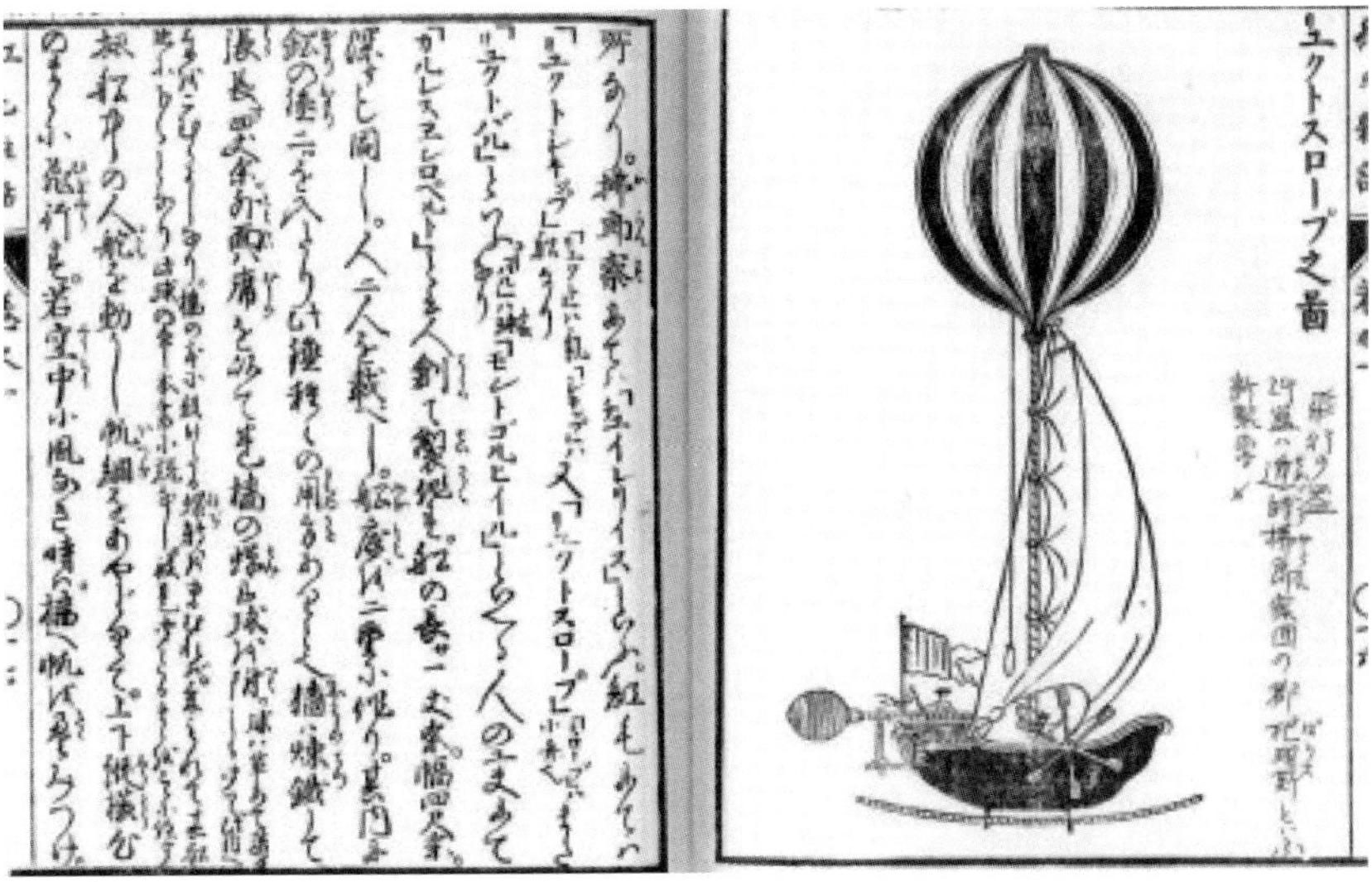

# リニアモーターカーの電磁石《でんじしゃく》とふつうの磁石では、大きく違《ちが》うのは何かかな？

**かなさんの問《と》い**　そもそも電磁石はいつ、誰《だれ》が作ったの？

**とうきさんの問い**　磁石も電磁石も鉄《てつ》を引きつける。働《はたら》きは同じなのかな？

磁石の「引きつける力」に関《かん》して、性質《せいしつ》や決《き》まりを追究《ついきゅう》したのは、16世紀《せいき》に登場《とうじょう》したギルバート（１５４４‐１６０３）でした。コハクをこするとほこりを引きつける力と磁石の力は、ともに引きつけるので、当時ははっきり区別《くべつ》されていませんでした。それを、コハク以外《いがい》にもいろいろな物体《ぶったい》をこすってみた実験《じっけん》の結果《けっか》から、磁石の引く力と、コハクをこすって生じる力はまったく違うと結論《けつろん》づけて、後者《こうしゃ》を「電気力」と名付《なづ》けました。この時から、「電気」は本格的《ほんかくてき》な研究対象《けんきゅうたいしょう》となっていきます。研究したのは主《おも》に、お金に余裕《よゆう》のあった貴族《きぞく》たちでした。やがて大きな静電気《せいでんき》をためることのできるライデン瓶《びん》（18世紀中《なか》頃《ごろ》）が作られました。ためられた静電気を放電《ほうでん》すると稲妻《いなづま》が走ることから、アメリカの科学者フランクリン（1706-1790）は雷《かみなり》の正体に思い至《いた》り、凧《たこ》の実験を行って雷の電気をライデン瓶にためることに成功《せいこう》しています。フランクリンは、電気には二種類の状態《じょうたい》があることにも気づきました。それは今のプラスとマイナスという考え方につながっています。

これらの発見《はっけん》を土台に18世紀の後半に至り、クーロン（1736-1806）らによって、離《はな》れていて働く電気や磁気の力の大きさは、距離《きょり》×距離に反比例《はんぴれい》することが見出されました。この後、電気はボルタ（1745-1827）の電池の発明のおかげで、安定《あんてい》し

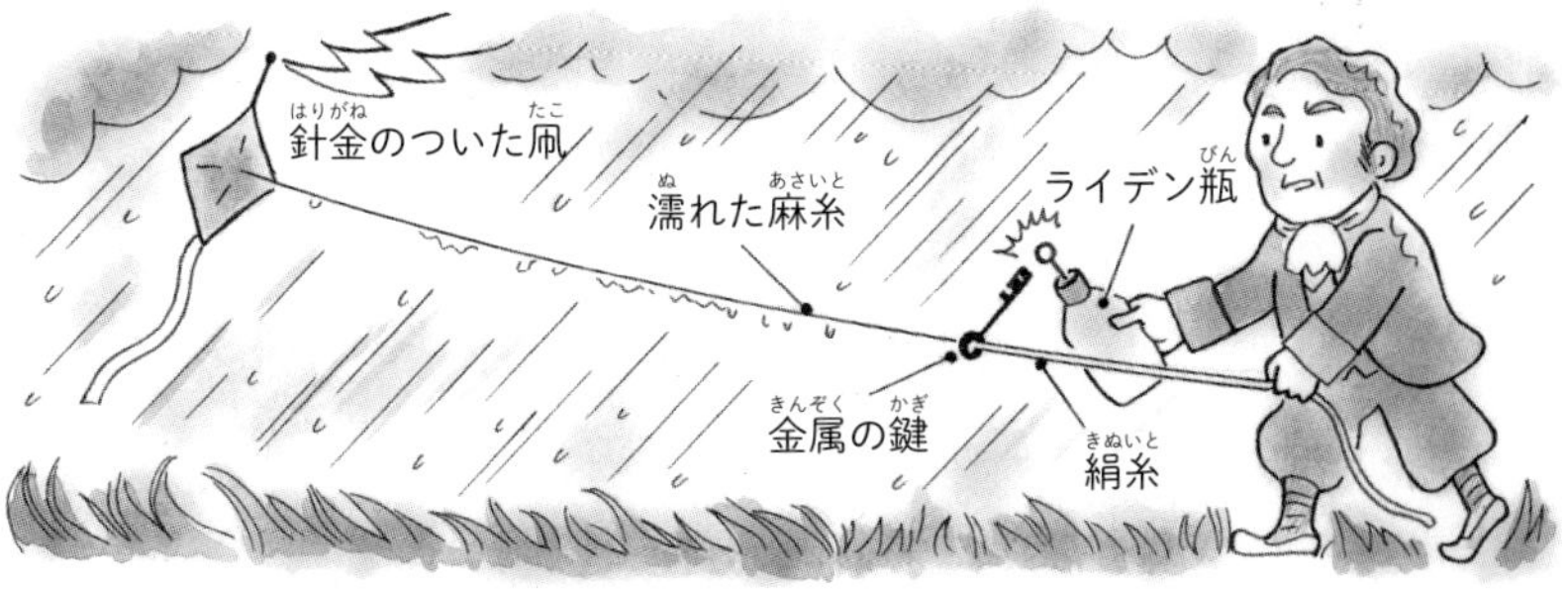

て導線《どうせん》に流《なが》すことができるようになります。電流《でんりゅう》の性質が解明《かいめい》され、ファラデー（1791‐1867）らにより、電気と磁気の関係《かんけい》が解《と》き明かされるにつれ、通信《つうしん》や照明《しょうめい》、モーター、発電機《はつでんき》など現代《げんだい》に通じるさまざまな方向《ほうこう》に利用《りよう》されていきました。

この、歴史《れきし》の中で、電磁石が発明されたのは1825年スタージャン（1783‐1850）によります。スタージャンは、鉄を芯《しん》にして導線を巻《ま》いてコイルを作り、電流を流すことで電磁石にしました。

鉄がなぜ磁石に引きつけられるかの話が61ページにあります。鉄をミクロで考えたとき、作っている粒《つぶ》はバラバラの向《む》きのミニ磁石のようなもので、それが近づいた磁石の力で向きを変《か》えられ、そろって磁石と引き合うのでした。一方、導線に電流が流れると、その周りでは方位磁針《ほういじしん》が動《うご》きます。磁界《じかい》ができるのです。

電磁石では、鉄の周りにある導線に電流が流れることで磁界ができ、そのせいで鉄を作っているミニ磁石の向きが変わり、そろって、両端《りょうはし》に決《き》まった極《きょく》を作ります。電流の向きが変わると、極も逆転《ぎゃくてん》します。電流が切れると、ミニ磁石はまたばらばらになってただの鉄になってしまい、磁力を失《うしな》います。これがふつうの磁石ともっとも違う点です。好《す》きなときに、好きな向きの磁石にして、用事《ようじ》が終《お》われば磁石の力を消《け》せます。

これは、機械《きかい》として使うときとても便利《べんり》な場合があります。たとえば、ゴミ処理《しょり》場《じょう》では、鉄のゴミを引き上げて移動《いどう》させるのに電磁石を利用しています。目的《もくてき》の場所《ばしょ》まで運《はこ》んだら、そこに鉄のゴミを降《お》ろさなければなりません。そのときに磁石のくっつける力は逆にじゃまになり、電磁石のようにその力を消せればすぐに外れます。

磁石の力にたよっている乗《の》り物《もの》にリニアモーターカーがあり、磁石の反発する力と引っ張《ぱ》る力の両方を利用して浮《う》いて走ります。ふつう、車両《しゃりょう》は電車も自動車《じどうしゃ》も、自転《じてん》車《しゃ》でさえ、車輪《しゃりん》と地面《じめん》やレールが必《かなら》ずぴったりふれています。そして、その間のまさつで、すべらず前に進《すす》んでいきます。リニアモーターは、この、車の常識《じょうしき》をくつがえしてしまいました。車輪が車両を前に進めるのではないのです。もはや、「車」両といってはおかしいかもしれませんね。「車」という漢字《かんじ》は、車輪を使って走る乗り物の形からできてきた字ですから。

　地面にふれないので、地面を押《お》してその反動で前に進むということはできません。その代《か》わりに、まさつでじゃまされることがないので、スムーズに動けます。すいすい動ける車両を前に進ませるのも磁力です。ある磁石のＮ極に別《べつ》の磁石のＮ極を近づけ、同時にＳ極の側にはさらに別の磁石のＮ極を近づけたら、はじめの磁石のＮ極では反発、Ｓ極では引き合いが起《お》きて、いきおいよくＳ極のほうに動きます。このような磁力の反発と引き合いをうまく利用して、車両を前へ、前へと進めていくのです。

　リニアモーターカーでは超電導《ちょうでんどう》磁石という電磁石を利用しています。これは鉄ではなく、マイナス１５０度《ど》を下回るものすごく低《ひく》い温度《おんど》で電気の抵抗《ていこう》がほとんどなくなる物

質を使ったもので、ふつうの電磁石よりも強い磁力を作れます。

**かなさんの答え**　１８２５年スタージャン（１７８３-１８５０）が発明した。その頃《ころ》は磁気や電気の研究が盛《さか》んだった。

**とうきさんの答え**　鉄を引きつける働きは同じだが、電磁石は電流の向きを変えることで極を変えたり、電流を切ることで磁力を消したりできる。

## コラム

２０１５年4月、ＪＲ東海の超電導リニア車両で、時速《じそく》６０３キロメートルを記録《きろく》したのが、リニアモーターカーの最速《さいそく》と、ギネス世界記録に認定《にんてい》されています。リニアモーターカーを利用した、ＪＲ東海のリニア中央新幹線《しんかんせん》は東京から名古屋市《なごやし》までの間が開業予定《かいぎょうよてい》です。騒音《そうおん》も抑《おさ》えられる上に、新幹線と同じくらいたくさんの人を新幹線の2倍の速さで運べるといわれています。

# 月に人間が歩いた足《あし》跡《あと》があるって本当？

お月見の晩《ばん》、ともさんはすすきを飾《かざ》り、月見団子《だんご》を三方*にのせて月の見えるベランダに置《お》きました。これは平安時代《へいあんじだい》に中国から伝《つた》わった風習《ふうしゅう》だと理科の先生が話してくださいました。昔《むかし》の暦《こよみ》（旧暦《きゅうれき》）で8月15日ですが、今の暦（新暦）では毎年ずれて、9月から10月の初《はじ》め頃《ごろ》のどこかになります。これは、昔は月の満《み》ち欠《か》けと季節《きせつ》を表《あらわ》す太陽《たいよう》の動《うご》き（春分など）を基準《きじゅん》に太陰太陽暦《たいいんたいようれき》を作っていたのに対《たい》して、今は太陽の動きのみを基準にしている太陽暦なので、違《ちが》ってきてしまうのです。

「今年の中秋の名月は見事《みごと》、見事！」

ともさんは昔の人になった気分で、ゆったりと月を見上げました。十二単《じゅうにひとえ》を着《き》ていた時代のように座敷《ざしき》に座《すわ》っているわけではなく、ベランダに椅子《いす》を出していますが、それでも気分は平安時代です。

「月の神様《かみさま》に収穫《しゅうかく》を感謝《かんしゃ》するとか、すすきにその神様が宿《やど》るとか、昔は神様って今よりずっと身近《みぢか》にいらした感《かん》じがするな。秋の実《みの》りは世界中《せかいじゅう》でも感謝するお祭《まつ》りが多いけど、食べ物《もの》って本当に大事《だいじ》。きちんと収穫できるって、すごくありがたい。その気持ちは現代《げんだい》の私《わたし》も大事にしたいと思う。今年もありがとうございます。」

お月様に感謝したともさんは、同時に、先生の月探検《たんさく》の話も思い出しました。

「あのお月様に人間の足跡があるんだなぁ……。それはそれで、ワクワクするなぁ。」

２０１１年９月６日、アメリカ航空宇宙局《こうくううちゅうきょく》（ＮＡＳＡ《ナサ》）は新しい月面写真《げつめんしゃしん》を公開しました。そこには、アポロ宇宙船の着地点《ちゃくちてん》や、月面に降《お》り立って歩いた時の飛行士《ひこうし》の足跡が、くっきり写《うつ》っています。

この写真は、月の周りをめぐって調《しら》べている、探査機《たんさき》ルナー・リコネサンス・オービターが撮影《さつえい》しました。月の表面《ひょうめん》に近づく軌道《きどう》を飛《と》んで、もっとも低い地点では地表から21キロメートルまでそばに寄《よ》ったので、とてもあざやかな写真がとれました。

今から50年以上《いじょう》も昔、１９６９年に、アポロが月に着陸《ちゃくりく》したことは事実《じじつ》です。月面を歩く映像《えいぞう》も残《のこ》っているのですが、その後、月に行って月面の証拠《しょうこ》を確《たし》かめることがなかったので、なかには本当に行ったのかをうたがう人もいました。しかし、今回の写真で、科学があらためてその証拠を示《しめ》すことができたといえるでしょう。

日本も月周回衛星《つきしゅうかいえいせい》かぐやで、２００９年6月までの1年9カ月にわたり、月を観《かん》測《そく》しました。かぐやが写した、月の地平《ちへい》に地球《ちきゅう》が沈《しず》んでゆく写真は美《うつく》しいものでした。

ルナー・リコネサンス・オービターは、かぐやの運用《うんよう》が終《お》わる頃に打《う》ち上げられ、2年以上にわたって月の表面を撮影していました。

月の表面には、細かい粉末《ふんまつ》が分厚《ぶあつ》く積《つ》もっています。これもアポロ宇宙船が、月の地表面に降りたときに明らかになり、一部《いちぶ》を持ち帰りました。やわらかい層《そう》は、地球の土とはまったく似《に》ても似つかず、水分も生命《せいめい》のもとである有機物《ゆうきぶつ》も一切ふくんでいません。それでも月の土**と呼《よ》ばれています。

ともさんは、先生の話を思い出しながら、あらためて月を見上げました。うさぎに見える黒い模様《もよう》はクレーターです。地球から38万キロメートル離《はな》れたところを、いつも地球に同じ面を地球に見せてまわっています。

「月は自分で光を出す天体じゃないから、太陽の光を反射《はんしゃ》して輝《かがや》いているんだよね。だから形が変《か》わって見えるけど、光の当たり方の違いだけで丸い天体。それなのに地球から見える側《がわ》と、裏側《うらがわ》では地下まで様子《ようす》が違うらしい。まだまだ不思議《ふしぎ》なお隣《となり》さんですねえ。」

そうつぶやいて、ともさんは作ってもらったお団子を一つ、ぱくりと食べました。

*神様へのお供《そな》えをのせる、四角い白木でできた台にお盆《ぼん》がついている形をしている。台の三方向《ほうこう》に飾《かざ》りの穴《あな》があるので三方（三宝《ぽう》とも書く）。

**ふつう土と呼《よ》ぶものはただの岩の粉《こな》やかけらではなく、生き物が影響《えいきょう》してでき上がっている。

# H《えいち》V《ぶい》やE《いー》V《ぶい》などいろいろな自《じ》動《どう》車《しゃ》があるけれど、それぞれどんな仕《し》組《く》みなの？

**よしふみさんの問い**　自動車は人が運転《うんてん》するのに、なんで、自動っていうの？

**しおりさんの問い**　大雪で立ち往生《おうじょう》とか、停電《ていでん》とか、電気自動車だけにしていって本当に大丈夫《だいじょうぶ》なの？

昔《むかし》、車は牛や馬、人などが引いて動《うご》かしていました。つまり、生き物《もの》が動力源《どうりょくげん》でした。18世紀《せいき》に最初《さいしょ》に作られた「自ら動く車」は、動力源が生き物ではなく、車が自分の中で作り出す力でした。人が運転しますが、燃料《ねんりょう》を入れれば車自体が走るので、「自動」車と名付《なづ》けられています。

初《はじ》めの頃《ころ》は、燃料は石炭《せきたん》を用い、蒸気機関《じょうききかん》で動きました。蒸気機関というと煙《けむり》を出して走る汽車を思い出すことでしょう。まさにその時代に自動車もあったのです。その後、燃料は石油《せきゆ》になりました。

今のエンジンのもとが発明《はつめい》されたのは、19世紀の終《お》わり近くになります。それから１００年以上《いじょう》、少し前までは、ガソリンを燃料にしたエンジンで動く車が一般的《いっぱんてき》でしたが、温室効果《おんしつこうか》ガスを減《へ》らすために、今ではいろいろな種類《しゅるい》の車があります。

まず、ガソリンで走るのは、レシプロエンジンで動く自動車です。このレシプロエンジンの中には、ガソリンエンジンとディーゼルエンジンとがあります。ガソリンエンジンの場合、ガソリンと空気を混《ま》ぜ合わせた気体を圧縮《あっしゅく》して、そこへ火花を飛《と》ばし爆発《ばくはつ》した力を利用《りよう》してエンジンを動かします。

ディーゼルエンジンは、空気だけを圧縮して温度《おんど》を５００度《ど》前後に上げ、そこに２５０度くらいで自然《しぜん》に燃《も》え出す軽油《けいゆ》を噴射《ふんしゃ》することで、燃焼を起《お》こさせています。

ロータリーエンジンで動く自動車もあります。レシプロエンジンと燃料の燃焼や爆発は同じですが、機械《きかい》の部分《ぶぶん》の形が違《ちが》い、排気量《はいきりょう》が小さくても、大きな出力を得《え》られます。日本の自動車会社が、レース用にこのロータリーエンジンを開発《かいはつ》し、１９９１年に日本車で初めて自動車の24時間耐久《たいきゅう》レースの「ル・マン」で総合優勝《そうごうゆうしょう》を果《は》たしました。

続《つづ》いて多くなったのが、ハイブリッド車（英語《えいご》の頭文字を取《と》ってＨＶとも呼《よ》ばれる）です。ハイブリッドエンジンとは、エンジンと電気で動くモーターを組み合わせた物で、従来《じゅうらい》のエンジンの補助《ほじょ》として、モーターを使《つか》います。発車するときにモーターを使って、あらかじめエンジンを動かしておかなくても走ることができる（アイドリングストップ）ので、従来のエンジンよりガソリンを使いません。モーターを動かすための電気は、ガソリンエンジンによる発電、またはブレーキ時にモーターを反《はん》転《てん》させて充電《じゅうでん》します。

さらにプラグインハイブリッド（ＰＨＶ）という車もあります。この車はコンセントを用いて充電して、ガソリンの使用《しよう》をさらに減らします。

そして、完全《かんぜん》にガソリンを使わない、電気で回すモーターだけで走る電気自動車（ＥＶ）もあります。二酸化炭素《にさんかたんそ》やほかの排気ガスを出さず、環境《かんきょう》にやさしい車と考えられていて、ゼロ・エミッションカーともいわれます。ただし、充電するための電気は発電所《はつでんしょ》で作るため、発電所がクリーンなエネルギーだけになって、初めて、環境にやさしい車と言い切ることができるでしょう。

ＳＤＧｓ《エスディージーズ》には「エネルギーをみんなに　そしてクリーンに」と「気候変動《きこうへんどう》に具体的《ぐたいてき》な対策《たいさく》を」という目標《もくひょう》があります。これを受《う》けて、２０２１年のＣＯＰ26*という会《かい》議《ぎ》で、全世界《ぜんせかい》で２０４０年までにすべての新車をＥＶ自動車のようなゼロ・エミッションカーとする内容《ないよう》が合意《ごうい》されました。

しかし、日本ではＨＶ車の普及《ふきゅう》が進《すす》んでいて、ＥＶ自動車の充電設備《せつび》が圧倒的《あっとうてき》に足りていないのが現状《げんじょう》です。寒冷《かんれい》にバッテリーが弱い、豪雪《ごうせつ》で動けなくなったときガソリン車よりもエネルギーが早く切れるかもしれず、また補給《ほきゅう》もしにくいなど、心配事《しんぱいごと》も多く、普及には問題《もんだい》が残《のこ》っています。今以上の技術《ぎじゅつ》の進歩《しんぽ》が必要《ひつよう》でしょう。

日本より寒《さむ》い北欧《ほくおう》のノルウェーは、実《じつ》は、日本と同じくらいの国土ですが、主《しゅ》として電気自動車が使われていて、充電設備も完備《かんび》しています。ノルウェーでは発電そのものもクリーンなエネルギーが主流《しゅりゅう》で、自国の石油や天然《てんねん》ガスは輸出《ゆしゅつ》して外貨《がいか》を得ています。

　理想的《りそうてき》な成功例《せいこうれい》ですが、残念《ざんねん》ながら日本がすぐにその真似《まね》をできそうにはありません。ノルウェーの人口は日本の25分の1であり、日本には輸出できる化石燃料《かせきねんりょう》はありません。人口の差《さ》は必要とするエネルギー量の差です。日本が今の生活で必要とするエネルギーのすべてを、クリーンなエネルギーだけで得ることは、現在《げんざい》の技術では不《ふ》可能《かのう》です。さらに、すべての電気自動車の電気をまかなうだけの発電が余分《よぶん》に必要になります。

　一方で、ＰＨＶ車やＥＶ車などでは、災害時《さいがいじ》にその電気を電源《でんげん》として使えるように工夫《くふう》されています。全部の電気自動車が十分充電しているということは、余分な電気が常《つね》に備蓄《びちく》されているとも考えられ、災害の多い日本には非常事態《ひじょうじたい》のときにとても役《やく》に立つでしょう。長所《ちょうしょ》と短所《たんしょ》があるＥＶ車への転換《てんかん》ですが、一気に全部変えることが難《むずか》しくとも、段階《だんかい》を追《お》って少しずつ目標に向《む》かっていくことが大切でしょう。

もう一つ、空気を汚《よご》さない自動車に水素を使ったものがあります。水素をガソリンなどの燃料の代《か》わりに燃焼させてエンジンを動かすタイプと、水素と酸素《さんそ》を使って電気を作りモーターを回す燃料電池車と呼ばれるタイプがあります。前者はガソリン車の技術を使えることから、ＥＶとは違《ちが》った、もう一つのクリーンな自動車として期待《きたい》されています。

**よしふみさんの答え**　動力源が生き物ではなく、車が燃料によって自分の中で作り出す力で走るので、自力で走る意味で「自動」車と名付けられた。

**しおりさんの答え**　電気自動車だけでは、今の段階では大丈夫とは言えない。もっと充電設備などが普及したりする必要がある。

＊ＣＯＰについては49ページ参照《さんしょう》

# 天気予報《よほう》はいつ始《はじ》まったの？ 人工衛星《じんこうえいせい》がない時代《じだい》はどうやっていたの？

**たまきさんの問《と》い**　最近《さいきん》、警戒《けいかい》レベルが高い大雨とか多くて、避難《ひなん》を考えるときもあるけれど、天気予報がなかった頃《ころ》はどうしていたのかな。天気予報はいつから始まったのかしら？

**エルヴィンさんの問い**　人工衛星の画像《がぞう》を見ると台風が来るのがわかるけれど、それがない頃はどうしてわかったのかな。そばに来るまでわからなかったのかな？

昔《むかし》の天気予報は、言い伝《つた》えを信《しん》じていました。言い伝えは科学ではないなどと、ばかにしてはいけません。それは、長い経験《けいけん》からわかってきた天気の傾向《けいこう》で、役立《やくだ》つものが多く、りっぱな科学の一種《いっしゅ》でした。例《たと》えば、「朝虹《あさにじ》は雨、夕虹《ゆうにじ》は晴れ」ということわざがあります。これは、今の科学でも説明《せつめい》できる、役に立つ言い伝えの一つです。虹＊は太陽《たいよう》とは反対《はんたい》の方角にある雲の水滴《すいてき》にできます。夕方は西の空に太陽があるわけですから、夕方に虹が見えれば、東に雲があることになるでしょう。日本のはるか上空には、西から東に気流《きりゅう》が吹《ふ》いています。東に雲があれば、もう、雨の雲は通りすぎたということですね。

　もちろん、当てにならないものや、間違《まちが》っているものもありました。経験をもとにしていますから、限《かぎ》られた地域《ちいき》だけで役立つものも多かったようです。また、経験からわかってきたことは、50年に一度《いちど》といったようなめずらしいお天気の変化《へんか》には、あまり役に立たなかったと思われます。

　天気を予測《よそく》できないことで、多くの被害《ひがい》が出ます。19世紀《せいき》後半になってヨーロッパから新しい科学が伝わり、それまでの日本の経験と技術《ぎじゅつ》も合わせて、よりよい予報を考えようとする動きが起《お》こりました。明治《めいじ》17（１８８４）年6月1日、今の気象庁《きしょうちょう》のもとである東京気象台から、日本で最初《さいしょ》の天気予報が発表《はっぴょう》されています。

ところで、天気予報というと、晴れや雨のほかに、気温《きおん》や高気圧《こうきあつ》、低気圧《ていきあつ》といった言葉《ことば》が出てきます。理科の実験《じっけん》においても、あとで同じ条件《じょうけん》で実験ができるように、そのときの気温や気圧を記録《きろく》します。

温度計《おんどけい》が気温の記録に活躍《かつやく》し始めたのは、17世紀になる頃にガリレオ（１５６４－１６４２）が温度の違いを測定《そくてい》できる空気温度計を作ったことがきっかけでしょう。50年余《あま》り後にフェルディナンド二世（１６１０－１６７０）の実験アカデミーではアルコール温度計が作られ、二つの基準《きじゅん》になる温度を選《えら》んでその間を等分《とうぶん》する現《げん》在《ざい》の方法が考え出されました。ここでの最古の温度観測記録が残っています。

気圧は大気圧ともいい、地上から上空までどれだけ分厚《ぶあつ》く空気があるのかで決《き》まる空気の圧力（押《お》す力）のことで、同じ頃

に測《はか》り方が工夫《くふう》されました。まず、16世紀に鉱山《こうざん》の排水《はいすい》ポンプで一定《いってい》の高さ以上《いじょう》、水をくみ上げられないことがわかり、その原因《げんいん》を追究したところ、初《はじ》めて地上に大気の圧力がかかっていることがわかりました。例えば、海抜《かいばつ》０メートルに比《くら》べ、２０００メートルの山頂《さんちょう》では、その上にある空気の層《そう》の厚さが２０００メートル分少ないため、大気圧はその分だけ小さくなります。17世紀になって、トリチェリ（１６０８‐１６４７）やパスカル（１６２３‐１６６２）という科学者の研究の結果《けっか》、この大気圧が測れるようになり、気圧計が作られて、今も利用《りよう》されています。

　このように、それぞれが研究されていく間に、気温や気圧の変化と、お天気の変化は関連《かんれん》があるとわかるようになりました。例えば真空の研究で有名なドイツのゲーリッケ（１６０２‐１６８６）は、気圧が急に低下したから嵐《あらし》が来ると予言しました。

水銀《すいぎん》のたまったタライに、真空にしたガラス管《かん》を立てます。すると大気圧によって押《お》された水銀がガラス管を上ってきて、やがて自分の重さと釣《つ》り合ったところで止まります。

科学者をはじめ、日常《にちじょう》でお天気に左右される仕事《しごと》をする人たちが、気圧計や温度計の変化を見て天気を予想《よそう》するようになり、やがて19世紀の中頃から天気図を使った天気予報が始まっていきます。その後、早々にこの新技術が開国《かいこく》した日本に入ってきたのです。

初めの頃の天気予報のやり方も、基本的《きほんてき》には今と同じです。全国《ぜんこく》の雨の量《りょう》、風の向《む》きや強さ、大気の様子《ようす》を示《しめ》す気圧の情報《じょうほう》を、各地《かくち》にある測量所《そくりょうじょ》から集《あつ》めます。その数字をもとに天気図を作ると、あとは科学を学んだ経験ゆたかな予報士《よほうし》が、天気図をもとに上空の様子を推測《すいそく》します。そして、天気変化の理論《りろん》をもとに、これからどうなるのかを、経験から来る直感を働《はたら》かせながら予測していました。

それでも、しばしばはずれて、天気予報が始まった当時は、漁師《りょうし》や農家《のうか》の人のほうが明日の天気を当てられると、ばかにされたくらいです。それも当然《とうぜん》かもしれません。それぞれの地域で実《じつ》に長い年月つちかってきた知恵《ちえ》を、上回るほどの経験と情報が集まるまでには時間《じかん》がかかります。

そこで、もっと天気の規則性《きそくせい》を、科学的に見出そうという工夫がなされました。観測《かんそく》データを増《ふ》やし、各地の古い記録も調査《ちょうさ》しました。物理学《ぶつりがく》や数学の考え方をしっかりと使《つか》って、計算する方法《ほうほう》を考えました。お天気用語もみんなに親しみやすくして、危険《きけん》なときには、何をどのように警戒したらいいかわかりやすくしました。そういった地道な努力《どりょく》の結果《けっか》に加《くわ》え、テレビが普及《ふきゅう》したことで、情報がみんなに一気に伝わるようになりました。さらに災害対策《さいがいたいさく》の法律《ほうりつ》ができるなどして、たとえば何千人と出ていた台風の死者《ししゃ》は、１００分の１以下に減《へ》りました。

今は、コンピュータの発達《はったつ》と、人工衛星の観測から、天気の変化はかなり正確《せいかく》に予測できるようになってきています。それでも気象《きしょう》による災害は、どんどん激《はげ》しくなっているので、避難を促《うなが》す警報の出し方などは新しい工夫が次々《つぎつぎ》になされています。できるだけ正確な予報を、広く人々に「知らせる」、そして「わかってもらう」のはとても大切なことなのです。

**たまきさんの答え**　昔は、長い経験からわかってきた天気の傾向である言い伝えで予測した。最初の天気予報は明治17年6月1日、今の気象庁のもとである東京気象台で出された。

**エルヴィンさんの答え**

気温や気圧の変化を調べ、天気図を作って予測していた。

＊虹については第《だい》3巻《かん》の42ページを参照《さんしょう》

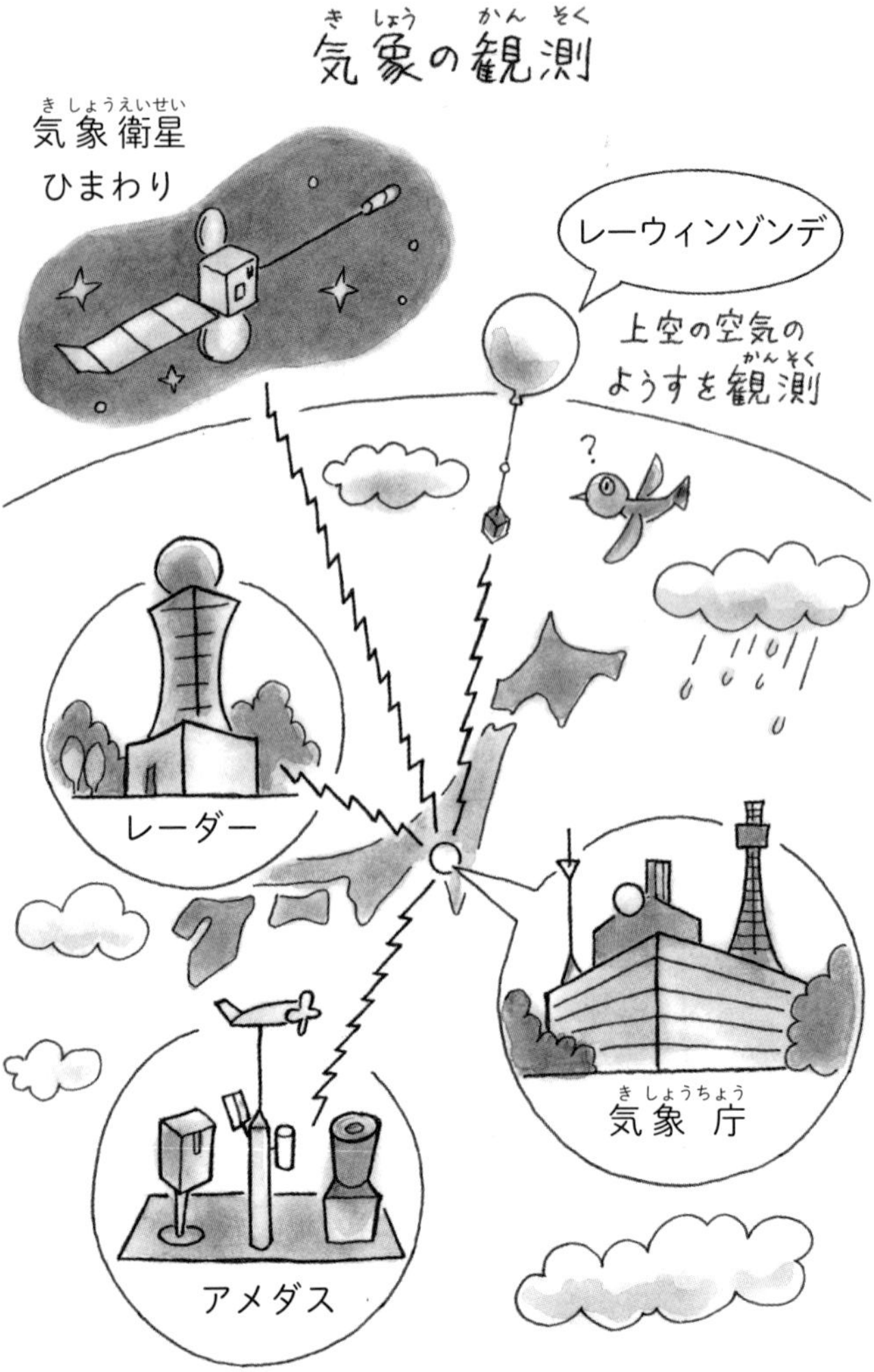

# 技《ぎ》術《じゅつ》革《かく》新《しん》ってどんなこと？ 私《わたし》にもできることなの？

ちよみさんとけいさんは、夏休みに科学技《ぎ》術《じゅつ》館《かん》に来ました。各階《かくかい》にいろいろな展《てん》示《じ》があって、どれも興《きょう》味《み》深《ぶか》いものばかりです。

ちよみさんは「へーっ、クルマってこんな仕《し》組《く》みになっているんだ。」と模《も》型《けい》を動《うご》かしています。自転車《じてんしゃ》が好きなけいさんは「昔《むかし》の自転車がおもしろい！」と自転車のパネルに夢《む》中《ちゅう》です。

「クルマも自転車もどんどん技術革新が進んでいますね。」係《かかり》の人が声をかけてくれました。

その声に、振《ふ》り向《む》いたちよみさんは「技術革新ってどういうことですか？」と首を傾《かし》げました。

「そのままの意味《いみ》では、それまでの技術に新しい技術が導入《どうにゅう》されたり、新しい技術に取《と》って代《か》わったりすることですが、もっと大きな意味もあります。新しい技術によって、社会のあり方も変化するということです。それができる前と、できた後で、どのくらい世界《せかい》が変わったかを想像《そうぞう》してみるとわかりますよ。英語《えいご》ではイノベーションといいます。」

けいさんも顔を上げました。「あ、イノベーションってなんだか、大人《おとな》の人が言っているのを聞いたことがある。新しい技術で社会が変《か》わるのですか。」

「ええ、例《たと》えば、コンピュータの発達《はったつ》で、会社に行かなくてもおうちで仕事《しごと》ができたりしているでしょう。」

係の人があげてくれた例は、けいさんにも思い当たりました。

「本当だ。学校でもタブレットを使《つか》った授業《じゅぎょう》が始《はじ》まりました。調《しら》べたことを、パソコンを使ってまとめたりもします。」

たしかに、コンピュータがなかった頃《ころ》と、今のように発達した後では大きく違《ちが》います。例えば、天気予報《よほう》*にしても、人工衛星《じんこうえいせい》を制御《せいぎょ》して観測《かんそく》し、世界中の情報《じょうほう》を集めて複雑《ふくざつ》な計算を一瞬《いっしゅん》で終《お》えるなど、予報の精度《せいど》が格段《かくだん》に上がりました。地震《じしん》**にしても、大きな揺《ゆ》れや津波《つなみ》の危険性《きけんせい》などをすぐに知らせられるようになりました。

ちよみさんは自動車《じどうしゃ》の歴史《れきし》のパネルを見上げました。「昔にも技術革新ってあったのかしら？」

「歴史上、いちばん大きな技術革新は、18世紀《せいき》後半にイギリスから始まった産業革命ですね。蒸気機関《じょうききかん》の発明によって、産業も交通も大きく変化し、人々の働《はたら》き方も変わりました。」

「どんなふうに変わったのですか？」

「家内制手工業、つまり各家庭《かくかてい》でこぢんまりと作っていたものが、都市部《としぶ》に大きな工場を作り、機械《きかい》を使って一度に大量に作るという工場制機械工業に変わっていったのです。そして、都市部に工場で働く人たちが集まり、人口が集中《しゅうちゅう》するようになりました。また、産業革命は社会のあり方を変えただけではありません。蒸気機関の発達によって熱《ねつ》に関《かん》する研究《けんきゅう》が進み、その研究がさらに技術を発展《はってん》させるという関係《かんけい》は、科学にとっても技術にとっても大きな意味のあることでした。」

係の人の説明《せつめい》は社会の授業《じゅぎょう》のようで、二人は科学技術と社会は深い関係があるのだなと感《かん》じました。

「技術革新は、大がかりなものばかりではありません。例えば小さな注射針《ちゅうしゃばり》でも、技術革新は着々《ちゃくちゃく》と進んでいますよ。」係の人が指先《ゆびさき》を寄《よ》せて、小さい様子《ようす》を示《しめ》して、いたずらっぽく笑《わら》います。

「うわ、注射針ってなんか好《す》きじゃない技術革新だ。それってどんなことですか。」

けいさんが不安《ふあん》そうにたずねました。

「注射というと、針を刺《さ》すのですから痛《いた》いというイメージが強いのですね。けれども、病《びょう》気《き》で毎日のように注射をしなくてはいけない人にとっては、痛みの軽減《けいげん》は切実《せつじつ》な問題《もんだい》です。その要請《ようせい》に応《こた》えられるように、針の形、表面《ひょうめん》をみがく技術などによって、痛くない注射針の開発《かいはつ》はどんどん進んでいるのです。」

　それはたしかにできる前とできた後では大違いです。二人はなるほど、技術革新だと思いました。

「他にも身近な技術革新ってありますか。」

「そうですね。ホッチキス***はどうでしょう。」

　ちよみさんがハッとしました。「あっ、私《わたし》、このまえ軽い力でとじられるっていうホッチキスを買いました。ほんとに、ちょっとにぎっただけでとじられます。」

「それから、ものづくりの基本《きほん》となる、ネジやバネの精度《せいど》も以前《いぜん》より格段に向上《こうじょう》しています。『技術とは人間実践《じっせん》（生産的《せいさんてき》実践）における客観的法則性《きゃっかんてきほうそくせい》の意識的適用《いしきてきてきよう》である。』と言った人がいます。難《むずか》しい言葉がならんでいますが、ようは、職人《しょくにん》と呼《よ》ばれる人が長い年月をかけて習得《しゅうとく》した技能《ぎのう》を、分析《ぶんせき》し研究して誰《だれ》もができるように変えたものが技術であるということなのです。技能が技術化されたからといって、熟練《じゅくれん》の技《わざ》が不要《ふよう》になるわけではありません。新たな技術には新たな技能が必要《ひつよう》となり、またその技能が技術化されて発展していくのです。」

真剣《しんけん》に聞いていた二人は、「なんだか、わかったような気がします。ものづくりって大変だけど、いろいろ工夫《くふう》がつきなくておもしろいです。」とうなずきました。

「お二人とも学校やおうちで、ここにこんなものを作ったらどうかなとか、ここをこうした方がいいんじゃないかな、ということを探《さが》してみましょう。そして、まわりの人に提案《ていあん》して話し合ってみましょう。さらに、いい考えが浮《う》かぶかもしれません。それが、技術革新への第一歩《だいいっぽ》です。」

「はい、そうしてみます。」

*天気予報については88ページ参照《さんしょう》

**地震《じしん》については24ページ参照

***ホッチキスは登録商標《とうろくしょうひょう》です

# 3

# 生き物《もの》が作る社会

# おじいさんやおばあさんと私《わたし》はなんで似《に》ているの？

お盆《ぼん》にさよさんがお父さんの田舎《いなか》に行くと、久《ひさ》しぶりにあった親《しん》せきのおばさんたちが「おばあちゃんの若《わか》い頃《ころ》に似てきたね」と言いました。お母さんやお父さんに似てきたと言われるのはわかりますが、おばあさんに似ているとは思いませんでした。

でも、おばあさんはお父さんのお母さんですから、似ていても不思議《ふしぎ》はありません。

血《ち》がつながっている家族《かぞく》、親せきはなんとなく似ています。そんなとき、よく「遺《い》伝《でん》」だといいます。

「遺伝子のいたずらです。」

さよさんはちょっと偉《えら》そうに言ってみました。おばさんたちは「まあ、難《むずか》しいことがわかるようになって……」と、大きくなったことをほめてくれました。でも、さよさんは、遺伝子がなぜおばあさんと似た顔をつくるのか、正確《せいかく》に理由《りゆう》がわかっているわけではありませんでした。もしおばさんたちに聞かれて、なぜだか答えられないのはちょっとくやしいな、と思ったさよさんは、医者《いしゃ》になったいとこのたすくさんをさがしました。

「あ、いたいた、たぁにいちゃん、元気だった？」

「おや、さよっち、大きくなったな。お前、なんだかおばあちゃんの若い頃の写真に似てきたな。」

「ねえ、たぁにい、それ、遺伝でしょう。なんで、遺伝子って、私をおばあちゃんに似せることができるの。DNA《ディーエヌエー》って何？」

さよさんに聞かれて、「もう、学校で遺伝なんか習《なら》うんか。早いなぁ。」とつぶやきながら、たすくさんは遺伝について、くわしく話してくれました。

「遺伝については、ずいぶん昔《むかし》から植物《しょくぶつ》や昆虫《こんちゅう》の研究《けんきゅう》で、変化《へんか》の決《き》まりが研究されてきていたんだ。さよっちも、前に自由研究で、アサガオの色違《ちが》いや、受粉《じゅふん》してできた種《たね》が何色になるか２年がかりで調《しら》べてただろう。もう少し、わかりやすいえんどう豆《まめ》やショウジョウバエで、違いをはっきりさせて、どんなふうに伝《つた》わるのかを調べたのが、メンデル（１８２２‐１８８４）だ。」

「メンデルの法則《ほうそく》って聞いたことがある。遺伝には決まりがあるというのでしょう。」

「そうだよ。それは、姿《すがた》がどんなふうに伝わるかの法則だった。その後、細胞分裂《さいぼうぶんれつ》のときに見える棒《ぼう》のようなものに、遺伝の情報《じょうほう》が入っているのではないかという考えが出てきて、染色体《せんしょくたい》と呼《よ》ばれたんだ。だけど、染色体の中にどんな形で遺伝情報が入っているのかはなかなかわからない。それがＤＮＡ、デオキシリボ核酸《かくさん》だとわかったのは１９５０年代《だい》になってからだ。ＤＮＡは二重《にじゅう》のらせんの形をした長い長い分子で、遺伝子が暗号《あんごう》のように４つの物質《ぶっしつ》の組み合わせで記録《きろく》されている。」

「それって昭和《しょうわ》で、おばあちゃんが生まれた頃だね。」

「おお、たしかに。ところで、人の体は主《おも》にタンパク質《しつ》でできているんだ。皮膚《ひふ》とか、筋肉《きんにく》とか、髪《かみ》の毛もね。髪がこげるとタンパク質特有《とくゆう》の匂《にお》いがするだろう。」

「うん。古いドライヤーを使っていたとき、髪がからんでこげたことがある。」

「体の反応《はんのう》を調節《ちょうせつ》するのにもタンパク質は重要《じゅうよう》だ。そこで、どういうタンパク質を作るか、どのくらい作ってどういう仕事《しごと》をさせるのかを命令《めいれい》するのが、たくさんの遺伝子だ。ＤＮＡの中でそれぞれのタンパク質の設計図《せっけいず》のような情報があるところを、特《とく》に遺伝子と呼んでいるんだ。」

「え、じゃあ、ＤＮＡが全部《ぜんぶ》、遺伝子ってわけではないの。」

「そう考えていい。ＤＮＡには働《はたら》きがわからない謎《なぞ》の暗号部分《ぶぶん》もまだいっぱいあるからね。まあ、このＤＮＡがどんなふうに染色体《せんしょくたい》の中にあるかというと、コイル状《じょう》に折《お》りたたまれて入っている。人は染色体をすべての細胞の核に23対《つい》（計46本）持《も》っているんだけど、さまざまなタンパク質を作るための遺伝子が一本の染色体に数百～数千も入っているよ。」

「それって、すごい数だよね。それだけ、人の体の作りや動きが複雑《ふくざつ》ってことなのかな。似《に》るっていうことは、つまり、お父さんの顔が丸いと、子どもは同じような形に皮膚や筋肉のタンパク質を作れっていう命令を持った遺伝子をもらっているので、その命令通りにタンパク質が作られ、同じような丸い顔になるわけね。」

「そうだね。さて、子どもは遺伝子を父親と母親からそれぞれもらうのはわかるだろう。もう少しくわしく言うと、お母さんが持っている卵《らん》と、お父さんの精子《せいし》、そこに、たくさんの遺伝子の入ったＤＮＡがたたみ込《こ》まれている染色体がある。染色体は２本で１対なので、卵に受精したときに、それが分かれて、精子から来た染色体の半分と卵の染色体の半分が組み合わさり、新しい命《いのち》をつくる。新しい遺伝情報の保管場所《ほかんばしょ》であり、指揮《しき》する場所になる。」

「そこにある遺伝子のすべての命令が実行されるわけではないのでしょう。だって、丸いお父さんと細長いお母さんの顔を同

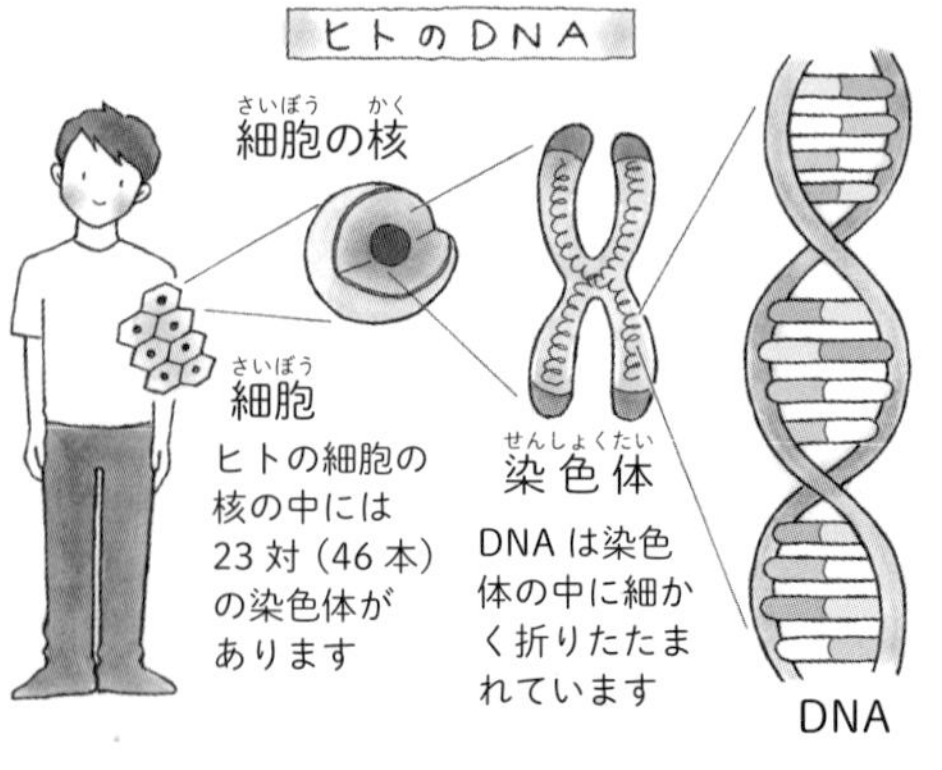

時に実現《じつげん》することはできないもんね。目はお父さん、口元はお母さん……といったように、ある程度《ていど》混《ま》ざることだってあるんだしね。」

「よく気がついたね。どの遺伝子がいつ指示《しじ》を出して、どうやって重複《ちょうふく》したり、じゃましたりしないように調整しているかといった研究も盛《さか》んだよ。」

父と母も、それぞれの父、母、つまり、祖父《そふ》、祖母から遺伝子をもらっているので、遺伝子は次々《つぎつぎ》に受《う》け継《つ》がれていきます。今は先祖をたどれば、数十万年前の初期《しょき》の人《じん》類《るい》に行きつけるほどです。遺伝する情報によっては、あらわれやすいものやあらわれる比率《ひりつ》に男女の差《さ》があるものなど、いろいろあります。

ＤＮＡは、分子の並《なら》び方がいくらわかっても、それだけでは暗号の文字がわかっただけで、暗号の意味《いみ》まではわかりません。そのため、ＤＮＡの暗号と作られるタンパク質の量や種類《しゅるい》との関係《かんけい》、それらが生物内でどんな役目を果《は》たすのかといった点の追《つい》究《きゅう》に力が入れられており、病気の予測《よそく》や、発見《はっけん》などにも役立《やくだ》っています。ＤＮＡがわかってから、わずか70年間に遺伝子の研究はものすごい発展《はってん》をとげています。

# 性《せい》別《べつ》で体の作りが違《ちが》うのはわかるけど、ジェンダー平《びょう》等《どう》は当たり前じゃないの？

まきさんとたかしさんの二人は、社会の発表《はっぴょう》で、SDGs《エスディージーズ》の「ジェンダー平等を実《じつ》現《げん》しよう」という目標《もくひょう》を調《しら》べることになりました。

「まず、ジェンダーって何が重要《じゅうよう》かな。だって、理科でいう男女の区別《くべつ》だけの問題《もんだい》じゃないでしょう。」

「そうだね、でも、その前に、そもそも男女って何が違うのか、本当にきちんとはわかっていないかも。」

たかしさんの言葉《ことば》に、まきさんはノートにメモを書き足しました。

「あ、たしかに。男女の違いがきちんとわかっていないと、ジェンダーも何が問題かわからないわね。あとは、平等だけど、実現《じつげん》っていうからには平等じゃないわけ？」

そこでまきさんは首を傾《かし》げ、たかしさんもうん、と考え込《こ》みました。

「たしかに、仕事《しごと》とかで差別《さべつ》があるところもあるわね。でも、平等なのが当然《とうぜん》じゃない？」

「うん、国会議員《こっかいぎいん》の数に差があるとか、いっぱい問題もあるけど、なんだか、僕《ぼく》たちが考えるよりもっと大変な問題があるから、こんなふうに世界《せかい》が目指《めざ》しているんじゃないのかなって気がする。平等が当然って考えていない国があるとか……。」

「そうね、平等じゃないのが当たり前っていうのは怖《こわ》いなぁ。同じことができないってことだよね。例《たと》えば、男の子だけ学校に来て勉強《べんきょう》していいけど、私《わたし》は女の子だから、家から出ちゃいけなくて、本も読んじゃだめとか。うわぁ、テストがないのはいいけど、やっぱりそれはいやだ。よし、今もそんなことがあるのか調《しら》べなくちゃ。」

二人はまず、男女の理科でいう違いをはっきりさせたいと思い調べてみました。

『地球上《ちきゅうじょう》の生き物《もの》の多くは、男性（あるいはオス）と女性（あるいはメス）という二種類に分けて、自分の種族《しゅぞく》を残《のこ》していく方法《ほうほう》をとっています。それは、草や木にも見られます。この二種類は、それぞれ、働《はたら》きが違うようにできています。おそらく、同じであったら突然変異《とつぜんへんい》が起《お》こりにくく、また、違うことでそれぞれの弱い部分《ぶぶん》も違っていて、生き残《のこ》れる機会《きかい》を増《ふ》やしているのかもしれません。

地球の海にできた生き物のもとから、長い長い年月をかけて人間に進化《しんか》してきた私たちは、すべての体の作りに、その成果《せいか》を見ることができます。

例えば、人は男の子だけにおちんちんがついています。正確《せいかく》には生殖器《せいしょくき》といい、おしっこを出すこともできますが、子どもをつくるときに大切な働きもする器官《きかん》です。また、大人《おとな》になってくると女の子はおっぱいがふくらんできます。こちらは赤ちゃんが自分で食べ物を食べられない間、赤ちゃん用の栄養《えいよう》を作り、与《あた》えるための器官です。

生き物の体の形は、それぞれの生活の仕方や、生きている場所によって発達《はったつ》に違いがあります。そして、男の子か女の子かでも違います。生き物として生きて、なるべく確実《かくじつ》に子孫《しそん》を残せるように、人の体は進化してきました。そして、生み出された子孫が、なるべくたくさん、なるべく長く生きていけるように、子孫の作り方も自然に工夫《くふう》されてきたのです。

女の子は大きくなると、体の中で、命《いのち》のもとである卵《らん》を作ることができる子宮《しきゅう》という生殖器を持《も》ちます。男の子は大きくなると、卵を子どもの形に発達させていくもとになる精子《せいし》を作ることができるようになります。それぞれを出会わせてあげるために、男の子にだけ精子を届《とど》ける働きができる形のおちんちんという器官がついています。どちらにも１０２ページで説明した遺伝子《いでんし》が入っていて、男女の生き物としての情報《じょうほう》が子どもに伝えられていきます。人の細胞《さいぼう》にある23対の染色体《せんしょくたい》のうち、１対は性染色体と呼《よ》ばれ、男女で形が違っていて、それぞれ体の作りを決《き》める違う情報が入っています。理科で言う男女の区別は、染色体の違いです。』

それはわかりやすい違いだなと二人は思いました。役割《やくわり》に適《てき》したような体の作りは、すべて異《こと》なる染色体にある、違う遺伝子情報のせいなのです。

「それぞれ生き物としての役割の違いで、差が出るのは仕方がないけれど、ジェンダーで問題にしている男女の不平等《ふびょうどう》は、そこではないわよね。」

「うん、社会によっては『この仕事は女性』といったふうに役割で決まってしまう性の分け方や、宗教《しゅうきょう》や習慣《しゅうかん》の役目で決まる性別がジェンダーの問題として考えなければいけないことだと思う。また、理科の区別とずれてしまう心の性*もあるね。」

たかしくんの言葉《ことば》に、まきさんはお友だちのみちるさんのことを思い出しました。

「そうだね、みっちゃんのお兄さんのはるかさんも、自分は気持《きも》ちは女の子だと思うと言ってたよ。」

「そういえば、そうだったね。体と心が違うのは大変かもって思うけど、別にみんなと同じだよね。」

二人はそう話しながら、世界にはそう考えない社会や宗教もあり、心の性を受け入れてくれない人々もいるかもしれないと思いました。

というのも、SDGsの具体的《ぐたいてき》な目標《もくひょう》の中には、二人にとっては信《しん》じられないようなことが書いてあったからです。早すぎたり、強制的《きょうせいてき》な結婚《けっこん》はやめ、女性や女の子を傷《きず》つける習《なら》わしをなくすといった内容《ないよう》があります。また、女性も財産《ざいさん》などについて男性と同じ権利《けんり》を持てるようにするなどといった、権利の平等を求《もと》めるものもあります。

世界には今の日本では想像《そうぞう》できない考えや習慣が残っているところがあるようです。

一方で、日本では、まだまだ男女平等が十分に実現しているとはいえません。性の違いは、人類《じんるい》が地球上での生存《せいぞん》をかけて獲得《かくとく》してきた、命を紡《つむ》ぐための貴重《きちょう》な財産です。その違いを理由《りゆう》に、人の勝手《かって》で制限《せいげん》をもうけていいものではありません。この先、人類が存続《そんぞく》していく上で、この目標を実現することはとても大切ではないでしょうか。

＊染色体によってどちらか一つの性となっても、どうしてもその性になじめないで、異なる性の方が自然なことがある。そして自分にあった性で生きることもある。

# ウンチやおしっこは汚《きたな》いの？トイレはどうして大事《だいじ》なの？

みあさんは、公園のそばで飼《か》い犬の散歩《さんぽ》をしているお友だちに出会いました。お友だちは手にビニール袋《ぶくろ》を持《も》っていて、犬が散歩中にウンチをしたら持って帰るためだと話してくれました。

「道を汚《よご》してはダメでしょう。『犬のウンチやおしっこおことわり』って書いてあるおうちもあるよ。」

みあさんはそれはそうだなと思いましたが、同時に、なんでウンチやおしっこを汚いと思うのか改《あらた》めて気になりました。人間はトイレがないととても困《こま》ります。ウンチやおしっこをそのへんにほおっておけないのはなぜなのでしょうか。食べた物《もの》が体の中を通って、栄養《えいよう》をとったかすが体の外に出てきたのがウンチです。生き物が口から食べる食べ物はきれいで、体から出て行くときに汚くなるのでしょうか。

「いやなにおいがするから汚いっていうのかしら。それとも、ウンチは毒《どく》なのかな。」

気になったみあさんは、養護《ようご》の先生になんでウンチやおしっこを外にすると困るのかを聞いてみました。先生は、以前《いぜん》、地震《じしん》が起《お》きてたくさんの人が避難所《ひなんじょ》で暮《く》らしたときに、トイレが足りなくて困った話をしてくださいました。だから、きっと理由《りゆう》をご存《ぞん》じです。

「森の中で暮らす動物たちはトイレを使《つか》いませんね。動物たちのウンチやおしっこは地面《じめん》に落《お》ち、小さな虫や菌《きん》がその栄養を利用《りよう》しながら少しずつ細かくして土に返《かえ》します。ウンチやおしっこには人の体が使わなかった栄養が残《のこ》っていて土を豊《ゆた》かにしてくれます。が、一方で、ウンチやおしっこを利用する生き物はほかの病気を広げたりすることもあり、人間が触《さわ》らない方がいいものも多くいます。例《たと》えば、お腹《なか》が痛《いた》くなったり、吐《は》いたり、ひどいときは命《いのち》に関《かか》わる病気になることがあります。」

みあさんはなるほどと思いました。予《よ》想《そう》と違《ちが》って毒ではないようですが、人を病気にする生き物などがいるのでは、やはり人にとって害《がい》があります。

「人のお腹の中、大腸《だいちょう》には、人と助《たす》け合って生きている微生物《びせいぶつ》であるバクテリアがたくさん住《す》んでいます。必要《ひつよう》な部分《ぶぶん》をとってしまった食べ物のカスがやってくると、バクテリアはそれを分解《ぶんかい》して自分たちの栄養にします。このときに臭《くさ》いにおいの気体を出します。それがウンチに混《ま》ざるのでウンチはにおうのです。」

「ちょっと違うかもしれないけれど、パンを焼《や》くときに使うイースト菌が糖《とう》を分解して二酸化炭素《にさんかたんそ》を出すみたいですね。」以前聞いたパンがふくらむ話*を思い出したみあ

さんです。

「なるほど、似《に》ていますね。微生物が何かを分解すると、気体が出てくることが多いのです。」

そして、先生は50年ほど前の話をしてくれました。

「土を豊《ゆた》かにすることができるので、ニワトリや牛のフンを農業《のうぎょう》では有機肥料《ゆうきひりょう》として使うことがあります。同じように人のウンチやおしっこも良い肥料になるので、昔《むかし》は肥溜《こえだ》めというところにためておいて発酵《はっこう》させ、下肥《しもごえ》と呼《よ》んで、畑《はたけ》に直接《ちょくせつ》まいて使っていました。しかし、そこに回虫という寄生虫《きせいちゅう》がいると、畑の作物《さくもつ》について人の口に入ってしまい、体の中で増《ふ》えたり育《そだ》ったりして、またウンチから出ていきます。腹痛《ふくつう》やほかの病気を起こしたりするので、回虫がいないか検査《けんさ》をしたものですよ。」

それは、みあさんのおばあさんが小さい頃《ころ》のお話で、聞いたことがありました。

「だから、トイレだけでするようにしているのですね。トイレが使えないときも、ビニール袋とかに入れて、なるべく外に出さないようにするのはそのためなのですね。」

「そうです。寄生虫の卵《たまご》や、ほかの菌も、目に見えないくらい小さいものなので、手などについて口に入らないとも限《かぎ》りません。だから、トイレのあとはよく手も洗《あら》うのです。ただ、まだ、世界《せかい》にはトイレを作ることができない生活の人も多くいます。そういうところでは、小さい子どもは特《とく》に病気になりやすいのです。」

先生の言葉《ことば》にみあさんは、トイレがないのはとても大変《たいへん》で、大人になるまでに、自分にどんな手《て》助《だす》けができるかを考えていこうと思いました。

**問い** 昔、人のウンチやおしっこを肥料にしていた頃は、何に気をつけていた？

**答え** 寄生虫などが畑の作物についていて、病気の原因《げんいん》になることもあったから、よく洗ったり、野菜《やさい》などはなるべく生で食べずに火を通して食べた。

＊パンがふくらむ話は第《だい》３巻《かん》の１６７ページを参照《さんしょう》

# 私《わたし》たちは背《せ》が高くなるとき、骨《ほね》が伸《の》びるの？ 骨の数が増《ふ》えるの？ 骨にはどんな栄《えい》養《よう》が必《ひつ》要《よう》なの？

**ともゆきさんの問《と》い**　発育《はついく》で背が伸びるのは、骨が伸びるの？ 骨の数が増えるの？

**りなさんの問い**　SDGs《エスディージーズ》で「飢餓《きが》をゼロに」と「すべての人に健康《けんこう》と福祉《ふくし》を」を掲《かか》げている。食べ物《もの》が足りないと発育が悪くなるけれど、どんな影響《えいきょう》があるの？

小さな赤ちゃんから立派《りっぱ》な大人《おとな》の体になるまで、成長《せいちょう》とともに、人の背が伸びていきますが、実《じっ》は大きくなるにつれて、人の骨の数は増えるよりもむしろ減《へ》ります。そのかわり、骨は伸びて大きくなります。

減るといっても、消《き》えてしまうわけではありません。生まれたときは、人の骨は

４００個《こ》もありますが、大きくなるにつれ、小さい骨が集《あつ》まって大きな骨になり体を支《ささ》えます。だから、大人の骨は２００個ぐらいしかありません。

例《たと》えば赤ちゃんの頭の上をそっと触《さわ》ってみるとペコペコしています。そこは頭蓋骨《ずがいこつ》がまだくっついていないからです。おうちの人に聞いてみてください。お父さんやお母さんは皆《みな》さんが生まれたときに、病院《びょういん》で「赤ちゃんの頭の骨は完成《かんせい》していませんから気をつけて」と注意《ちゅうい》されたはずです。でも、皆さんの頭の上を触ってみると、しっかり硬《かた》い頭蓋骨に触《ふ》れます。これはもうすっかり骨ができあがっているからです。

骨は人間を支える重要《じゅうよう》な部品《ぶひん》ですが、主《しゅ》としてカルシウムという金属《きんぞく》でできています。

ぺこぺこした頭は不安《ふあん》ですが、成熟《せいじゅく》していない頭蓋骨でも、２００グラムから２５０グラムのカルシウムを持《も》っています。お肉のパックなどで２００グラムという重《おも》さを想像《そうぞう》してみると、あの小さな頭の中に、けっこう重い物を入れているでしょう。

赤ちゃんの骨は、育《そだ》つにつれて、カルシウムとリンが増《ふ》え、強く、そして硬くなっていきます。20歳《さい》になると、骨は最大《さいだい》の長さと、密度《みつど》＊に達《たっ》すると考えられています。

この頃《ころ》の頭骸骨《ずがいこつ》は赤ちゃんの頃の5倍以上《ばいいじょう》のカルシウムを含《ふく》んでいます。このカルシウムのほとんどが、11歳から16歳頃に骨に貯《たくわ》えられます。このように書いてくると、骨が育つには何が必要《ひつよう》かが見えてくると思います。それと同時に、小さい頃や、さらにそのあとの18歳頃までが特《とく》に栄養《えいよう》を必要とすることもわかります。

ユニセフ（国連児童基金《こくれんじどうききん》）によると、今、世界《せかい》の5歳未満《みまん》の子どもの3人に1人が栄養が不足してちゃんと育たなかったり、逆《ぎゃく》に栄養バランスが良《よ》くないことで不健康《ふけんこう》な太りすぎと推定《すいてい》されています。この多くの場合、子どもたちは骨が完成していくのに必要なカルシウムやリンも不足します。すると、バラバラの赤ちゃんの骨がしっかりとした大人の骨になりません。十分に骨が育たないと、体のさまざまな機能《きのう》を支え、守ることも難《むずか》しくなります。もちろん、それ以外の大切な栄養素《えいようそ》も不足しますから、脳《のう》の発達、免疫力《めんえきりょく》の不足など、生きる上で必要なものが完成していかないことになり、命《いのち》を落《お》としやすくなります。

ＳＤＧｓで「飢餓をゼロに」と「すべての人に健康と福祉を」という目標《もくひょう》を掲げる

ときに、単《たん》に食べ物ならなんでもいいとしてしまうと、すべての人を健康にという目標はかなえられません。成長する子ども時代に、必要な栄養を必要なだけ取れるように、多くの国が手をつないで、学びを伝《つた》え、協力《きょうりょく》していこうとしています。

**ともゆきさんの答え**　バラバラの骨が合体して大人の骨が完成するから、骨の数は減り、骨が伸びて大きくなる。

**りなさんの答え**　十分に骨が育たないと、体のさまざまな機能《きのう》を支え、守ることも難しくなる。脳の発達《はったつ》、免疫力の不足などにより、命を落としやすくなる。

＊1立方センチメートルあたり何グラムかを表《あらわ》す

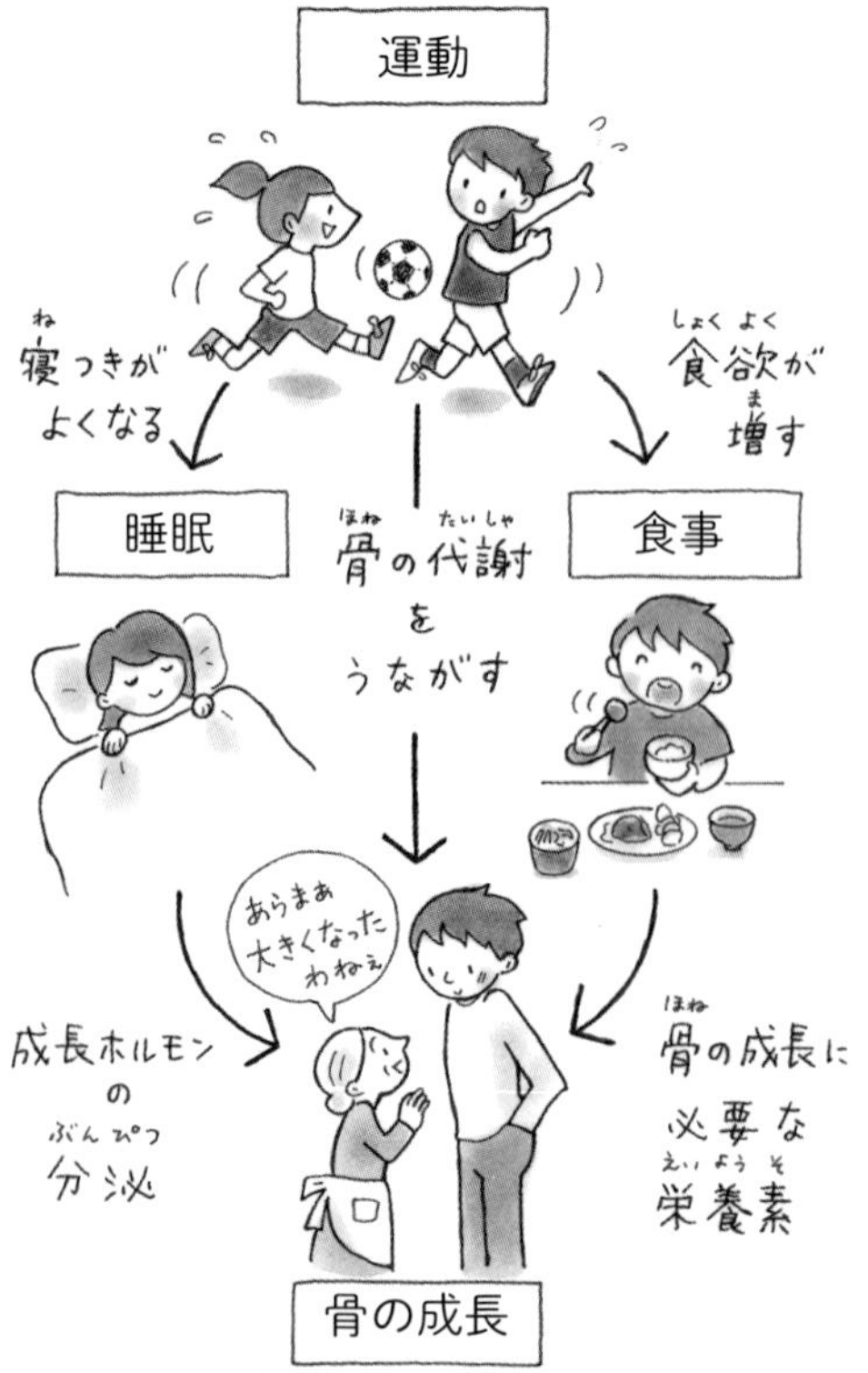

# コラム

硬い骨は曲《ま》がりませんが、骨と骨は二つの骨の片方《かたほう》の端《はし》を丸く、もう片方をくぼませてはめ込《こ》み、なめらかに曲がるように関《かん》節《せつ》でつながっています。骨は筋肉《きんにく》とそれをつなぐ腱《けん》や靭帯《じんたい》などの組織《そしき》とセットで体を動《うご》かしています。体の動きを支え、内臓《ないぞう》を守るとても大切な骨は、ありがたいことに、こわれてもかなり修復可能《しゅうふくかのう》です。人の体の中では、骨は再生《さいせい》能力がとても高い組織の一つです。骨折《こっせつ》したところでは、さまざまな細胞《さいぼう》が増えて、その一部が新しい骨を作る細胞に変《か》わります。

皮膚《ひふ》もかなり切れても元に戻《もど》ります。当たり前のように思っている「ケガが治《なお》る」という機能は、生命体《せいめいたい》が持つ生存《せいぞん》のための力強い武器《ぶき》です。

トカゲはいざとなると自分のしっぽを切り捨《す》てて逃げていきます。植物《しょくぶつ》にも、葉《は》や枝《えだ》などが折《お》れても再生《さいせい》する能《のう》力《りょく》があります。

# まぶたがあるのはどうして？鯉《こい》はまばたきしないって本当？

ゆやさんの家の近くのお寺に、大きな池があります。あるとき、家族《かぞく》でおまいりにいったら、ご住職《じゅうしょく》（お寺をまもるお坊《ぼう》さん）が池の鯉《こい》にえさをあげていました。口をあけた鯉が、いっせいに水しぶきをあげてえさを食べていました。どの鯉も大きな目を開いてえさがまかれるほうを見ているみたいです。

「あれ、鯉って、まばたきしないんだ。」ゆやさんが、気がついて思わず声に出すと、ご住職はえさをやる手を止めて、ゆやさんに笑《わら》いかけました。

「よく見ていましたね。鯉にかぎらず、ほとんどの魚にはまぶたがありません。だから、まばたきしないのですよ。眠《ねむ》るときも目は開いたままです。」

「ええっ、そうなのですか。」びっくりしたゆやさんは、目を閉《と》じたり開いたり、自分のまぶたをそっと触《さわ》ったりしました。

「まぶたがないと、目が乾《かわ》いて、痛《いた》くなっちゃいませんか。私《わたし》は目を開いたままでいると、すぐシパシパしてきてまばたきしちゃいます。」

「私たちの体は、皮膚《ひふ》でおおわれています。皮膚は、体の外から何か入ってくるのを防《ふせ》いだり、体の水分の蒸発《じょうはつ》を防ぐなど、大切な働《はたら》きをしています。特《とく》に、水分は人の体が正しく動《うご》くためにとてもとても大事《だいじ》です。ところが、物《もの》を見る『目』、眼球《がんきゅう》は、光を通さないと役割《やくわり》を果《は》たせないので、皮膚がありません。」

「そういえば、そうだわ。だから、目を開けっぱなしでいると、乾燥《かんそう》しちゃうのか。人は、しじゅうまばたきをして目をぬらして、目を守《まも》っているっていうことですね。」

「そうです。開いている目の表面《ひょうめん》と外界《げかい》をへだてているのは涙《なみだ》しかないのです。そこで、まぶたは素早《すばや》く上下して、見るじゃまをしないようにしながら、目全体《ぜんたい》に涙を広げているのですよ。そして、見ないときには、ふたになって目を守っているのです。」

「なるほど、魚は水の中にいるので、わざわざぬらす必要《ひつよう》がないのですね。」

たしかに、目から水分が蒸発するのは、水分が少ない空気中に水蒸気が混《ま》ざり込《こ》むからです（空気中の水蒸気については第《だい》3巻《かん》の119ページを参照《さんしょう》）。水の中では目が乾くことはないでしょう。

「それに、ここからは推測《すいそく》ですが、」とご住職が続《つづ》けました。

「水中で暮《く》らす魚は陸上《りくじょう》のものほど、目に頼《たよ》らなかったのかもしれません。目が周囲《しゅうい》を知るために活躍《かつやく》するのは、あくまで太陽《たいよう》の光があればこそです。水中は少し深《ふか》くなると、太陽の光が弱まり、目だけに頼るわけにはいかなくなります（海中の光については第3巻の37ページを参照）。地上の生き物がなんとしても目を守ろうと進化《しんか》したのに対《たい》して、魚はもう少し違《ちが》うものを重視《じゅうし》して進化したのかもしれませんね。」

「だから、魚にはまぶたがなくて、まばたきをしないのかぁ……あれ、人間と同じ哺《ほ》乳類《にゅうるい》のイルカって、まぶたがあったような。」

「水中で暮《く》らすクジラやイルカにまぶたはあるのですが、人のようにはまばたきしないようですよ。クジラもイルカも魚のように水中で暮らしていますが、肺《はい》で空気を吸《す》って呼吸《こきゅう》しているので、よく息継《いきつ》ぎに水面《すいめん》に出ます。形はまったく違うのですが、アザラシやオットセイに近いと言えるでしょう。陸で暮らしている私《わたし》たちからしたら、なんで、そんなに長く息が続くのかと思います。私たちは呼吸で取《と》り入れた酸素《さんそ》を、血液《けつえき》に乗《の》せて体中に行き渡《わた》らせています。このような海の生物《せいぶつ》は、地上の生き物よりも血液や筋肉《きんにく》に酸素を人よりたくさんためておけるようですよ。だから、私たちよりずっと長く、水の中で活動《かつどう》できるのです。そういえば、イルカは泳《およ》いでいる間に眠《ねむ》っていて、そのときは片目《かため》だけ閉じて、もう片方で周囲の情報《じょうほう》を得《え》ているようですね。」

その不思議《ふしぎ》な様子《ようす》を想像《そうぞう》して、ゆやさんはちょっと笑ってしまいました。そして、ご住職にお礼《れい》を言って、教わったことをおうちの人に話しに戻《もど》っていきました。

# どうして空気を吸《す》わないと苦《くる》しくなるの？ 息《いき》を吸うことと動物《どうぶつ》の血《ち》が赤いことには関係《かんけい》があるの？

ルカさんは学校で、空気には、酸素《さんそ》が含《ふく》まれていて、それは体に必要《ひつよう》なものだと習いました。

「まず、鼻《はな》や口で吸った空気の中の酸素は肺《はい》に行き、そこで血液《けつえき》の中に取《と》り込《こ》まれる。血液は血管《けっかん》を通って、体中に行き渡《わた》る……と。」

ルカさんは教科書と、持《も》っていた図鑑《ずかん》をかたわらに置《お》いて、体の中での酸素の旅《たび》を、わかりやすくノートにまとめているところです。体の中にあみ目のように張《は》りめぐらされた血管の図を見ながら、本当にすみずみまで糸みたいに細く広がっているのだなと思いました。

「血液で細胞《さいぼう》に運《はこ》ばれた酸素は、細胞の中でブドウ糖《とう》と結《むす》びつく。ええと、ブドウ糖はどこから来たんだ？　あ、そうか、食べ物《もの》からとり入れたんだな。ごはんをかむとだ液と合わさって甘《あま》くなってくるんだった。そのとき、麦芽《ばくが》糖になってるから、それからブドウ糖になるんだろうな。」

　分子という小さい世界《せかい》で見ると、ブドウ糖が2個《こ》合わさったのが麦芽糖だと考えていいでしょう。さらにそれがもっといっぱい、10個以上《いじょう》くっついて固《かた》まっているのがでんぷんです。ごはんの中にはでんぷんが入っていますから、それを食べて、消化《しょうか》して、吸収《こきゅう》して、ブドウ糖となったものが、細胞の中で酸素と出会うのです。

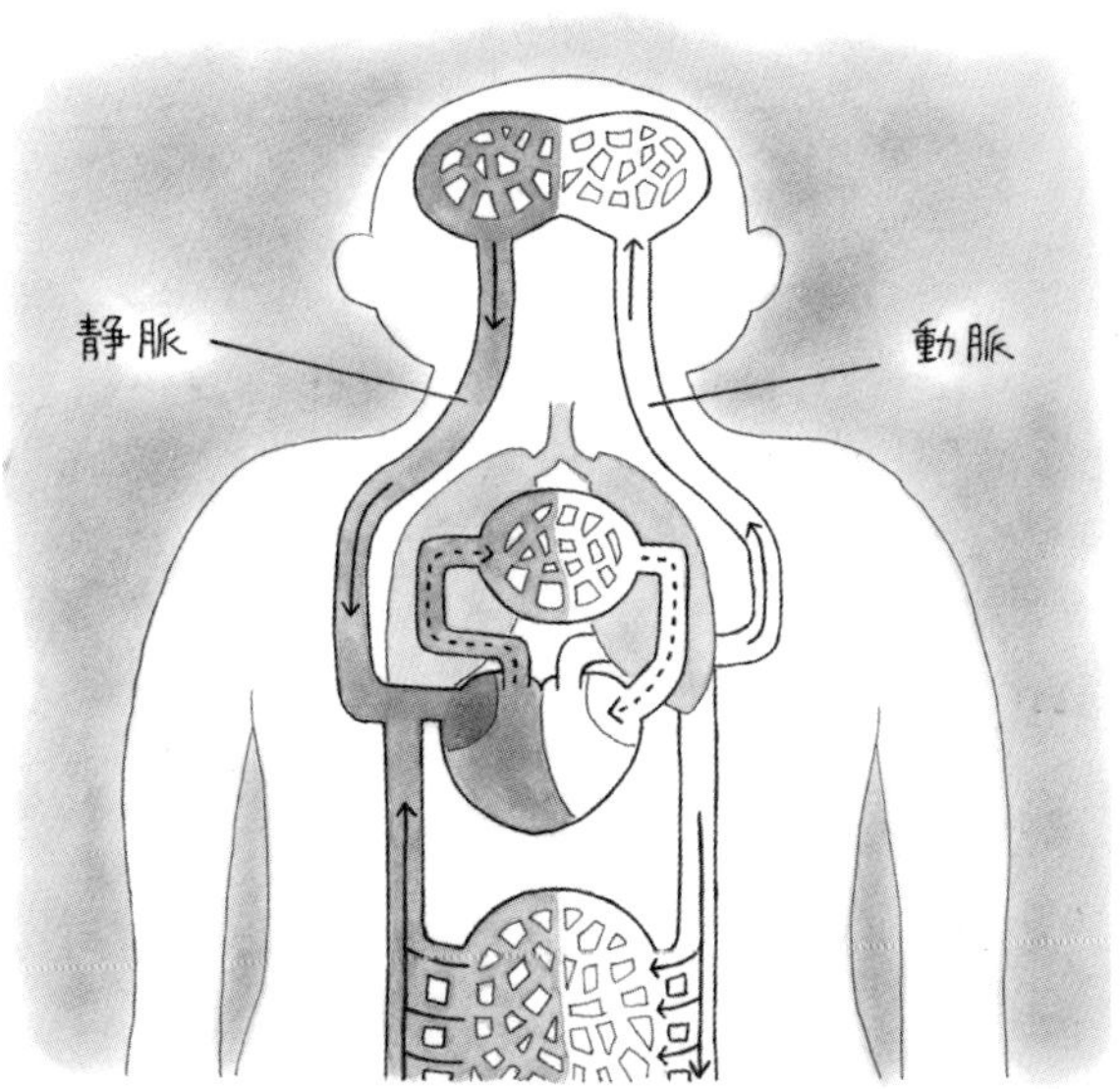

「酸素は、ブドウ糖を水と二酸化炭素《にさんかたんそ》に分解《ぶんかい》して、この変化《へんか》で熱《ねつ》が生まれて、体を動かすエネルギーになる。そして、いらない二酸化炭素を体の外に出す。これが、息を吐《は》き出すってことだね。つまり、空気を吸わなくてはいけないのは、酸素を使《つか》って、体を動かすエネルギーをつくり出すためだ。」

ルカさんは、改《あらた》めて肺を意識《いしき》しながら息を吸って、ゆっくり吐いてみました。

「ううん、自分の体の中のことなのに、何が起《お》こっているのかはわかんないな。残念《ざんねん》。息を止めると苦しくなるのは、肺の中の酸素の割合《わりあい》が減《へ》ったということだろうな。『酸素が足りません、酸素をください』という知らせが、脳《のう》に行って、『苦しい』っていう信号《しんごう》になるみたいな感じかな。」

息を止めて何分我慢《がまん》できるのかなと思ったルカさんが、図鑑《ずかん》で調《しら》べたギネス世界記《せかいき》録《ろく》は２０２１年のクロアチアの人の24分37秒《びょう》36でした。直前に酸素だけの気体を吸って挑戦《ちょうせん》したというので、やはり体の中の酸素の量《りょう》が「苦しい」と関係するようです。

そのとき、ふと、家で飼《か》っている猫《ねこ》が目に入りました。猫がケガをしたとき、その血が赤かったことを思い出したルカさんはおもしろいことに気がつきました。

「もしかして、どんな動物も血が赤いのかな。だって、まず、どの動物も動くためのエネルギーを食事《しょくじ》で得《え》ている。食べた食物《しょくもつ》の成分《せいぶん》が酸素と出会って、熱のエネルギーを得ているのは、人と同じなんじゃないかな。とすると、酸素を体中に運ぶのが血液っていうのも同じはずだ。人の血液が赤いのは赤血球《せっけっきゅう》のせいだったから、もしそれが酸素を運ぶ役目《やくめ》をしているなら、ほかの動物の血も赤いはずだ。」

そう推理《すいり》して、ルカさんは調べ始《はじ》めました。ルカさんの予想《よそう》は大当たりでした。

赤血球の中にあるヘモグロビンは鉄分《てつぶん》を含んでいて、血の中で酸素と結びつくと赤い色になり、その結果《けっか》、血は赤く見えます。ヘモグロビンの形は酸素分子を４個くっつけられるようになっていて、酸素を運ぶ役目をしています。酸素が４個くっついているときと、酸素の一部を手放《てばな》しているときでは赤の色合いが違《ちが》い、酸素をたっぷりくっつけて届《とど》ける役目の動脈《どうみゃく》の血は鮮《あざ》やかな朱色《しゅいろ》で、体の細胞《さいぼう》に酸素を渡《わた》した後の静《じょう》脈《みゃく》の血は赤ワインのような暗い色になります。哺乳類《ほにゅうるい》、鳥類、爬虫類《はちゅうるい》、両生類《りょうせいるい》、魚類、どれも、体の真ん中に骨《ほね》があって体を支《ささ》えている、セキツイ動物と呼《よ》ばれる種類《しゅるい》です。この仲間《なかま》は、体中に酸素を行き渡らせるために、全身《ぜんしん》に血《ち》が流れていて、血液には酸素を運ぶヘモグロビンを持った赤血球が含まれていて、赤い色をしています。

「思った通りだ。でも、セキツイ動物以外は違《ちが》う色の血もあるのかな。」

　そう思って、他の生き物について調べてみるともっとおもしろいことが出てきました。

「『イカやタコ、カブトガニや貝などの無《む》セキツイ動物で、ヘモグロビンの代《か》わりに酸素を運ぶ役割をしているのが、ヘモシアニンという銅《どう》を含む物質《ぶっしつ》です』か。『体の中で酸素と

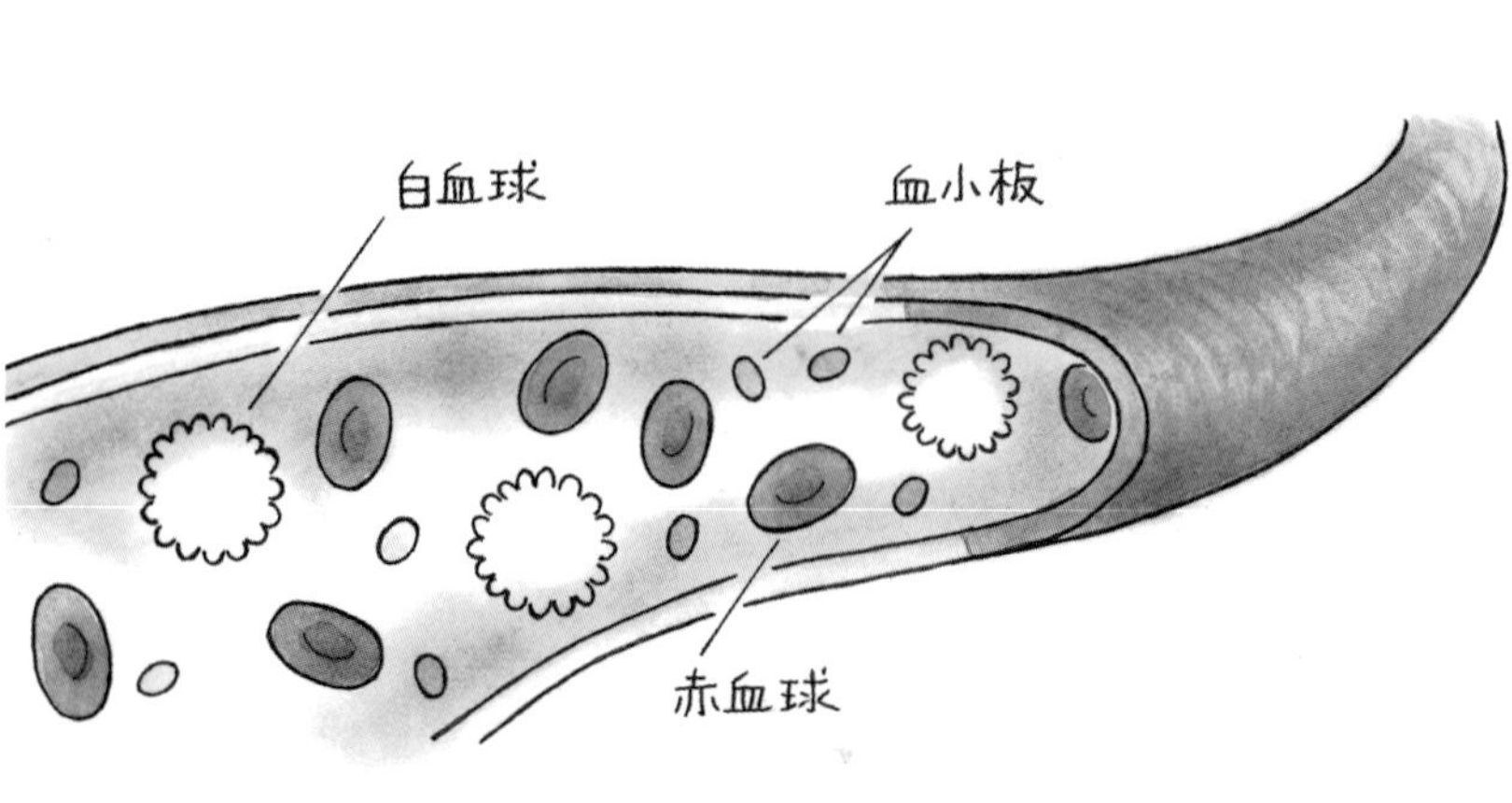

結びついているときには青く、酸素を手放すと無色になります。』へえ、青い血なんだ。そういえば鉄《てつ》がさびるって酸素と結びつくことのはずだけど、さびると赤色になるな。銅は青色になっていくし、どっちも血の色がなんとなく納得《なっとく》できる色合いだなあ。」

ルカさんは、セキツイ動物がなんで青い血にならなかったのかなと思いました。そして、大きくて動きが激《はげ》しいセキツイ動物が、進化《しんか》の過程《かてい》でヘモグロビンを選《えら》んできたのは、きっと同じような物質でも、少しでも酸素を運ぶのに有利《ゆうり》*だったからではないかなと想像《そうぞう》しました。

**問い** ケガで動脈が切れるとなぜ危険《きけん》なのだろうか。

**答え** 届けるべき酸素を持った血が、傷口《きずぐち》からどんどん流れ出てしまうと、そこから先はすぐに酸素が足りなくなるから。

＊実際《じっさい》に酸素との結合力《けつごうりょく》はヘモグロビンのほうが強い。

# コラム

ケガをして血が足りなくなると、酸素がなくなり、脳も心臓《しんぞう》も止まってしまいます。そうならないように、血管《かん》が傷《きず》ついたときには、なるべく早く傷をふさいで、血が流《なが》れ出るのを防《ふせ》ぐようになっています。

　脳にケガをしたという知らせが行くと、ケガのそばの血管はきゅっと縮《ちぢ》んで、血の流れをゆるやかにします。血は血管以外の場所に触《ふ》れると、血の中のいろいろな成分が次々《つぎつぎ》に「固まれ」という指令を出して変化を起《お》こし始《はじ》めます。血液の中の血小板《けっしょうばん》が集まって血管の穴《あな》をふさぎ、それを中心にそばの血全体が固まって、血は止まります。

# 北極《ほっきょく》の氷《こおり》がなくなったら、ホッキョクグマはどうなってしまうの？

**たくみさんの問《と》い**　北極の氷が小さくなっているって本当？

**ヘリンさんの問い**　ホッキョクグマは氷がないと生きられないの？

北極の氷がとけて、今のような氷でできた陸《りく》がなくなると、ホッキョクグマは行き場を失います。現在《げんざい》、北極の氷がとけ出す時期《じき》が早まっていて、氷の大地を利用《りよう》して狩《か》りをしていたホッキョクグマが食べ物《もの》を得《え》ることができる季節《きせつ》はとても減《へ》っています。

北極にある氷は、無数《むすう》の氷河《ひょうが》や、グリーンランド氷床《ひょうしょう》と呼《よ》ばれるグリーンランド島《とう》をおう巨大《きょだい》な氷河の集《あつ》まりでできています。

　地球《ちきゅう》の気温《きおん》は、19世紀末《せいきまつ》にきちんとした記録《きろく》が始《はじ》まってから１３０年ほど経《た》つ現在まで、全体《ぜんたい》で上昇《じょうしょう》しています。上昇の割合《わりあい》は地域《ちいき》によって違《ちが》い、毎年変動《へんどう》していますが、陸地のみの世界《せかい》の年平均《へいきん》気温は大雑把《おおざっぱ》にその間で1度《ど》ほど高くなっています。実《じつ》はこの３００年間に2度上昇したという推定《すいてい》もあり、特《とく》に近年上昇の割合が大きくなっているという報告《ほうこく》とつじつまが合います。２０００年以降《いこう》、グリーンランド氷床は毎年２００億《おく》トン以上の氷が失われていると言われていて、ほかの氷河部分《ぶぶん》も同様《どうよう》に体積《たいせき》を減らしており、北極の氷の大地は確実《かくじつ》に小さくなっています。そして、そこで生活するホッキョクグマやアザラシなど、多くの動物《どうぶつ》たちに影響《えいきょう》が出ています。

　例《たと》えば、食べ物や住《す》み家を求《もと》めて、ホッキョクグマたちは移動《いどう》します。氷が減ったことで氷の上をたどって移動できなくなり、離《はな》れた場所《ばしょ》の氷や地面《じめん》にたどり着くために、以前《いぜん》より長い距離《きょり》、海を泳《およ》がなければなりません。このとき弱い子熊《こぐま》から死《し》んでいきます。えさが足りなくなったホッキョクグマは、共食《ともぐ》いもするという報告もなされています。

世界自然保護基金《しぜんほごききん》（ＷＷＦ）が、地球温暖化《ちきゅうおんだんか》が進《すす》んだ場合のことを研究した結果、今のペースで温暖化が進むと、21世紀の中頃《なかごろ》には、ホッキョクグマの頭数《とうすう》は3分の1くらいになってしまうそうです。

地球が人間にとって生存《せいぞん》しやすい温度に保《たも》たれているのはひとえに大気の存在《そんざい》のおかげです。その証拠《しょうこ》に、大気のない月は、地表面《ちひょうめん》温度は地球とまったく違います。太陽《たいよう》に照《て》らされている昼の地域は１００度を超《こ》え、反対《はんたい》に太陽の当たらない夜側《よるがわ》はマイナス１７０度にも下がっています。一方で地球より太陽に近く希薄《きはく》な大気がある火星は、冬の極《きょく》付近でマイナス１３０度ほどになるとはいえ、平均気温はマイナス60度くらいで、変化の幅《はば》もマイルドです。

地球の大気は全体の八割近い窒素《ちっそ》に始《はじ》まり、二割余《あま》りの酸素《さんそ》、アルゴン、二酸化炭《にさんかたん》素《そ》と続《つづ》き、水蒸気《すいじょうき》が折々《おりおり》の、そして地域ごとに違う割合で混《ま》ざっています。そんな大気中には、自然現象《げんしょう》以外に、人類《じんるい》の活動によって排出《はいしゅつ》される物質《ぶっしつ》も混じり込《こ》みます。大気中の気体や微粒子《びりゅうし》には、温室効果《おんしつこうか》をもたらすものが少なくありません。温室効果とは、大気が宇《う》宙《ちゅう》に熱を逃《にが》さないで、高い温度を保つ「温室」のような役目《やくめ》をするようになってしまうことです。

地球には太陽のエネルギーが降《ふ》り注《そそ》いでおり、地球が受《う》け取《と》る太陽のエネルギー量《りょう》は、人類の活動では変わりません。一方、地球から宇宙に反射《はんしゃ》などで出て行くエネルギーは、大気のさまざまな物質の反射のしやすさや、熱の吸収《きゅうしゅう》しやすさなどで変わります。もらうものは同じでも、それを程《ほど》よく外に返《かえ》していたのが、ため込《こ》んでしまうようになるというのが、温室効果です。そして、二酸化炭素やメタンに代表《だいひょう》される温室効果ガスは、蓄熱《ちくねつ》に寄与《きよ》するガスです。

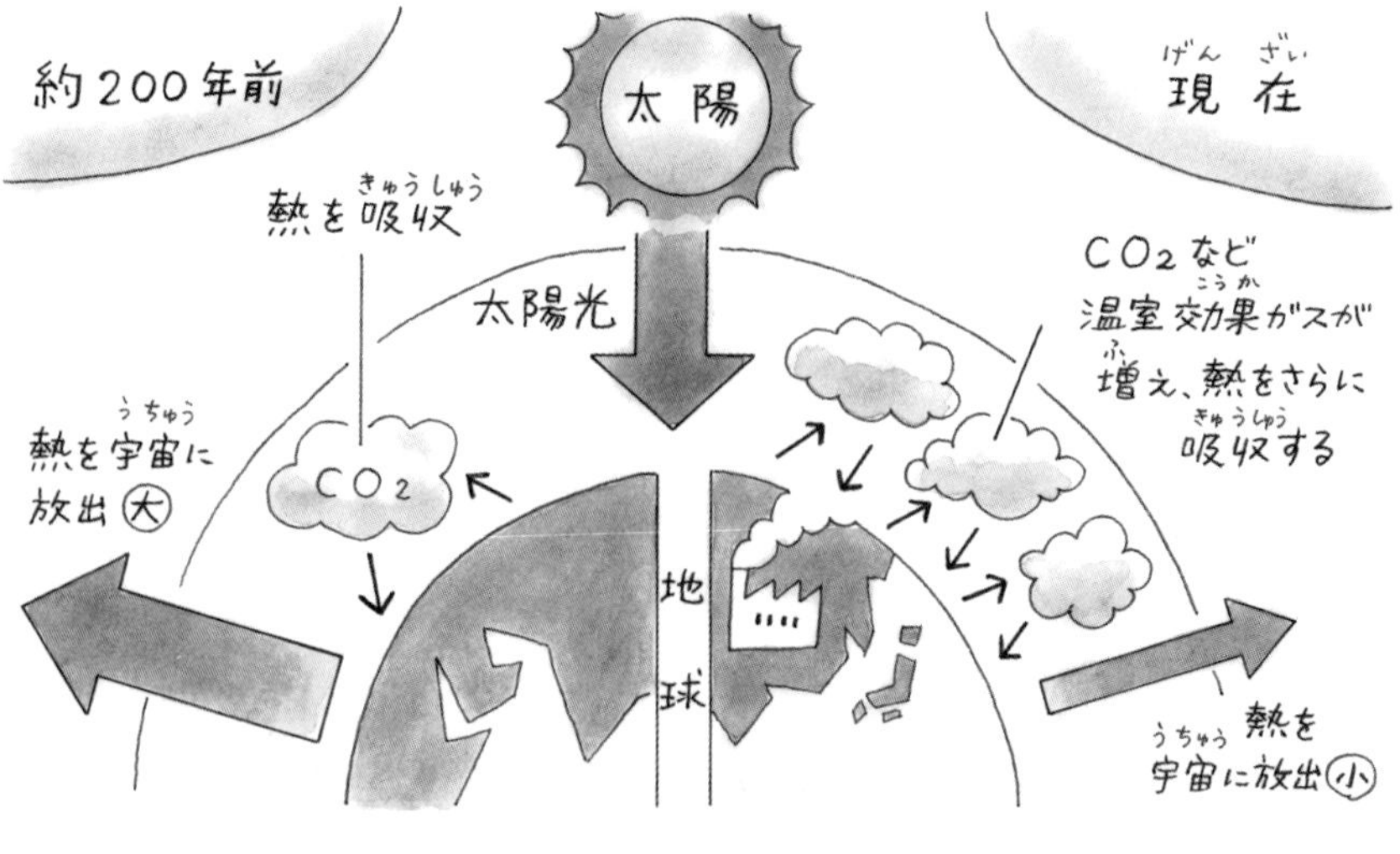

その結果《けっか》、気温や水蒸気《すいじょうき》の発生度合《はっせいどあ》いが変わり、気流《きりゅう》や海流に変化が起《お》こります。氷がとけ、一方で乾燥《かんそう》が進む地域も現《あらわ》れ、生き物の数や分布《ぶんぷ》が変わります。北極の海《かい》底《てい》に大量《たいりょう》のメタンガスが存在していることが研究により明らかになっています。これも海氷がとけると大気に拡散《かくさん》して、さらに温暖化を加速《かそく》させかねません。これらが複《ふく》雑《ざつ》に絡《から》み合って、気候変動《きこうへんどう》が起きつつあるのが現在です。

ＳＤＧｓに「気候変動に具体的《ぐたいてき》な対策《たいさく》を」があります。二酸化炭素の排出量を世界で制限《せいげん》しているのは、このような現象を抑《おさ》えるためなのです。

**たくみさんの答え**　本当。毎年大量の氷が失われている。

**ヘリンさんの答え**　氷の上から狩りをするので、えさをとれなくなる。

# 日本のオオカミは、本当に絶《ぜつ》滅《めつ》してしまった。絶滅危《き》惧《ぐ》種《しゅ》はどうやって決《き》まるの？

なおきさんのお父さんたちは、狩猟《しゅりょう》の免許《めんきょ》を持《も》っているので、農作物《のうさくぶつ》や森林を被害《ひがい》から守《まも》るために、頼《たの》まれて鹿《しか》を狩《か》りに行きました。その辺《あた》りは、鹿の天敵《てんてき》がほとんどおらず、ここ数年で数がとても増《ふ》えて、森の木が枯《か》れたり、作物《さくもつ》の芽《め》がすっかり食べられてしまったり、交通事故《こうつうじこ》が多発《たはつ》したりと困《こま》ったことが多くなり過《す》ぎたのです。

大都市《だいとし》に住《す》んでいるようこさんは、なおきさんの話を聞いてびっくりしました。

「鹿って可愛《かわい》いと思っていた。そんなに、迷惑《めいわく》な動物《どうぶつ》なの？」

「姿《すがた》は可愛いけれど、若《わか》い木の皮《かわ》とか芽とか食べて、大事《だいじ》な木が枯れちゃうんだ。材《ざい》木《もく》にできなくなるだけじゃなくて、木がいっぱい枯れちゃうと、木の根《ね》が支《ささ》えていた山の土が流《なが》れてしまって、大雨が降《ふ》ったら山崩《やまくず》れとか、災害《さいがい》になりかねないんだ。」

なおきさんは鹿がかじった木を指差《ゆびさ》して、ようこさんに見せました。

「人と自然《しぜん》の動物は共存《きょうぞん》していけるのがいちばんだけど、一度《いちど》バランスが崩れちゃうと、保護《ほご》ばかりもしていられないと思う。」

「たしかにクマも、今、問題《もんだい》になってきているわね。お互《たが》いの暮《く》らしの場所《ばしょ》を分けて、うまく暮らしていけるとよいのだけれど。SDGs《エスディージーズ》でも『陸《りく》の豊《ゆた》かさも守ろう』ってあるけど、守るのは単《たん》に増やすってことじゃないわね。多様《たよう》な生き物《もの》を減《へ》らさないようにする一方で、増えすぎて、逆《ぎゃく》にうまく暮らせなくならないようにも、しなければならないということよね。」

「そうだね。お父さんが言っていたけど、昔《むかし》は日本にもオオカミがいたらしい。ニホンオオカミはもともと、鹿やイノシシを食べて山で静《しず》かに暮らしていて、人間は、田《た》畑《はた》をあらす動物を退治《たいじ》してくれるので、オオカミを山に住む神様《かみさま》としてあがめていたんだって。」

「知ってる、毎年おばあちゃんたちとお参りに行く三峯神社《みつみねじんじゃ》では、たしかオオカミが神様のお使《つか》いなの。そうか、あれは、人と動物がなんとなく住み分けてうまく暮らしていた証拠《しょうこ》なのかもしれないわね。」

「三峯神社は僕《ぼく》も初《はじ》めて聞いた。教えてくれてありがとう、ようこちゃん。ニホンオオカミが絶滅してしまった理由《りゆう》はいくつかあるみたいだ。一つは人間が飼《か》っていた犬から、狂犬病《きょうけんびょう》やジステンパーがうつって、その病気《びょうき》に初めて出会ったニホンオオカミの数が減った。その上、狂犬病にかかったオオカミにかまれて、多くの人や家畜《かちく》が死《し》んだことから、人がオオカミを駆除《くじょ》したらしい。また、人が山を開発《かいはつ》して、オオカミの生きる場所が狭《せま》くなり、それで人や家畜をおそうようになっていって、さらに退治された。１９０５年（明治38年）奈良県《ならけん》で最後《さいご》の一匹《ぴき》が捕《つか》まえられて、ニホンオオカミは滅《ほろ》びたんだって。」

「どんな理由にしても、人間が原因《げんいん》であることに違《ちが》いはないわね。」

ようこさんがため息《いき》をつきました。

「日本の絶滅危惧種は環境省《かんきょうしょう》が決めていて、3700種以上《いじょう》ある。世界全体《せかいぜんたい》では、4万種以上が絶滅を心配されているよ。昔にいたことがわかっていて、今はいないのが絶滅だから、いろんな専門家《せんもんか》の報告《ほうこく》をまとめて、いることがほんの少ししか確認《かくにん》できなかったら指定《してい》して、気をつけて守っていかなくちゃね。」

なおきさんは大きくなったら生き物の保護について勉強《べんきょう》したいと思っています。それを聞いたようこさんも、各地《かくち》で生き物がちゃんと暮らしているかを調査《ちょうさ》することに興味《きょうみ》がわきました。それに、今も動物や植物《しょくぶつ》の新種が見つかることもあるといいます。

生き物は本当に多様で、そのすべてが互いに関《かか》わり合って世界を作っています。一つが欠《か》けることは、その生き物が関わっているほかの生き物や、暮らしている場所のすべてに影響《えいきょう》を与《あた》えます。人にとって役《やく》に立つものもあれば、害《がい》があるものもありますが、どちらもこの地球《ちきゅう》の生態系《せいたいけい》を保っている貴重《きちょう》な生命《せいめい》です。多様性《たようせい》を保つことは、

「陸の豊かさも守ろう」という目標の実現《じつげん》の一歩です。

# 4
# 理科で暮《く》らしを守《まも》る

# ゴミを分別《ぶんべつ》すると、どうして環境《かんきょう》にやさしいの？

ちひろさんは学校で美化《びか》の係《かかり》をしています。５年生の係みんなで、ゴミを分別して捨《す》てるポスターを作ったので、教室に貼《は》ろうと担任《たんにん》の先生に相談《そうだん》しました。

「ゴミ箱《ばこ》のそばに貼るのがいいでしょうか。」

「壁《かべ》のすみになってしまうから、むしろみんながよく見ている黒板《こくばん》の横《よこ》もいいかもしれないわね。」

先生はポスターを見てよくできているわねと、ほめてくれました。

「ただ分けて捨てましょうではなくて、どうして分けなければいけないかを書いたのはよく考えたと思うわ。みんな、燃《も》えるゴミと燃えないゴミを分けないと、燃やしにくいくらいにしか考えていないかもしれないでしょう。ゴミを燃やすときに余分《よぶん》な燃料《ねんりょう》が必要《ひつよう》になるし、それだけ二酸化炭素《にさんかたんそ》を多く出すことになってしまうことを知っておくのは大切ね。それから、再利用《さいりよう》できるものをちゃんと使《つか》えば、ゴミとして処分《しょぶん》しなければならないものの量《りょう》が減《へ》るというのも、言われてみれば当たり前だけど、なかなか意識《いしき》しないものだわ。」

　美化係の仲間《なかま》のがんばりを、先生にはげまされた気がして、ちひろさんはうれしくなりました。

「ここには場所《ばしょ》がなくて書けなかったんですけど、焼却炉《しょうきゃくろ》の寿命《じゅみょう》にも関《かか》わるそうです。前に、理科の実験《じっけん》で割《わ》り箸《ばし》をアルミホイルに包《つつ》んで燃やして炭《すみ》を作ったことがあるんですけど、そのとき、アルミホイルの裏《うら》にテープが貼《は》り付いていたのに気がつかないで、実験をやっちゃったら、アルミホイルと割り箸がくっついちゃって、いやなにおいがしたし。きっと、焼却炉にも、本当は入れないほうがいいものがあって、それが入ると、そこだけ変《へん》に焦《こ》げたり、くっついたりしちゃうんじゃないでしょうか。それで、焼却炉がダメになっちゃうとか。」

「その通りね、普通《ふつう》のゴミを焼《や》くところに、金属《きんぞく》やガラスのようなものが混《ま》じると、まさに思いもよらない温度《おんど》になったり、溶《と》けてくっついたりするでしょう。ガスが残《のこ》ったライターとか、花火などは炉に入る前のためるところで爆発《ばくはつ》して燃え出してしまうそうよ。焼却場の設備《せつび》は大きいから、修理《しゅうり》や交換《こうかん》にたくさんのお金がかかって大《たい》変《へん》でしょう。」

先生とちひろさんが話していると、ポスターをのぞきにきたファビアンさんが聞きました。

「ねえ、先生、焚《た》き火は火をつけるとマキが燃えるけど、焼却炉って中のゴミが燃えるんでしょう。大きな焼却炉だから、最初《さいしょ》に火をつけるときに燃料がいるかもしれないけど、火がついちゃったら勝手《かって》に燃えるよね。そんなに燃料を使《つか》うの？」

そう言われると、ちひろさんも不思議《ふしぎ》に思いました。ゴミという名前が付《つ》いていても、マキを燃やしているみたいなものだとしたら、その熱も利用《りよう》できれば燃料の代《か》わりになるはずです。

ちひろさんがそれを言うと、先生はうんうんと、うなずきました。

「二人とも、良《よ》いところに気がついたわね。まず、ファビアンさんが言うように最初に火をつけるときだけ燃料を使うのよ。でも一回火をつけるために使う灯油《とうゆ》の量が数千とか1万リットルという大量のものなの。だから、点火したらきちんと全部《ぜんぶ》無駄《むだ》なく燃え切って欲《ほ》しいでしょう。入れてはいけないものが混ざっていて、焼却炉が危険《きけん》だからと緊急停止《きんきゅうていし》したら、また火をつけるのにその灯油が必要になってしまうでしょう。」

「うわっ、それは無駄だよ。もったいない。」

ファビアンさんが悲鳴《ひめい》をあげました。

「火がついた後はちひろさんが言う通り、ゴミでもマキでも燃えていることに変わりはないから、蒸気《じょうき》にしたり、温水《おんすい》にしたりして、この熱《ねつ》を利用できるでしょう。今はゴミによる発電もできるようになっているの。」

「それならゴミも無駄になりませんね。」

ちひろさんはちょっと安心《あんしん》してファビアンさんと顔を見合わせました。先生は少しだけ首を傾《かし》げました。

「それでも、ゴミは燃やすとダイオキシンという体に良くないガスが出ます。高温で燃やして、フィルターとかで工夫《くふう》しているので出る量はずいぶん減っていますけれどね。また、ゴミを埋《う》め立てて処分することもありますが、こちらは時間が経《た》つと温室《おんしつ》効果《こうか》ガスであるメタンガスが出てきます。どちらも、ないに越《こ》したことはないでしょう。やはり、ゴミはなるべく減らしていかなければいけません。」

ＳＤＧｓ《エスディージーズ》の一つに「住《す》み続《つづ》けられるまちづくりを」があります。まちに住む一人一人が環境にやさしい生活をするように心がけたいものです。ゴミ処理の工夫は、誰《だれ》でもが簡単《かんたん》にできる環境に与《あた》える影響《えいきょう》を減らす工夫です。

# プラスチックはどうやって作るの？何がいけないの？

**よしきさんの問い《と》**　プラスチック製品《せいひん》はとてもたくさん使《つか》われているけれど、何がいけないの？

**せいらさんの問い**　微生物《びせいぶつ》は硬《かた》いプラスチックを分解《ぶんかい》できるの？

プラスチックは合成樹脂《ごうせいじゅし》ともいい、原料は石油《せきゆ》*です。漢字《かんじ》を見るとおおよその成《な》り立ちが想像《そうぞう》できませんか。樹《き》の幹《みき》を傷《きず》つけると出てくる、松《まつ》ヤニや天然《てんねん》ゴムのような自然《しぜん》の樹脂の代《か》わりに、人工的に合成された樹脂です。自然に得《え》られる天然樹脂《てんねんじゅし》は、大昔《おおむかし》から物《もの》をくっつけたり、防水《ぼうすい》できたり、熱《ねつ》や圧力《あつりょく》でたやすく変形《へんけい》したり、粘《ねば》りけが強く、弾力《だんりょく》があったり……と、いろいろな場面《ばめん》で活躍《かつやく》してきました。天然樹脂は、木からとりますから量《りょう》に限《かぎ》りがあり、需要《じゅよう》に追《お》いつかないこともあります。人口が増《ぞう》加《か》し、経済《けいざい》が発展《はってん》して、技術《ぎじゅつ》が進歩《しんぽ》すると、天然樹脂に似《に》た性質《せいしつ》を持つ高分子が人工的に合成されました。19世紀初頭《せいきしょとう》のことで、プラスチックの一つであるポリ塩化《えんか》ビニルです。さらに19世紀中頃《なかごろ》を過《す》ぎたところで、プラスチックの代表格《だいひょうかく》セルロイドが作られました。その後、20世紀に入り石油を使った産業《さんぎょう》が盛《さか》んになり、石油を原料にして作る合成樹脂も種類《しゅるい》を増《ま》していきます。

　プラスチックは「高」分子の名の通り、モノマー（単量体）と呼《よ》ばれる小さな分子の単位《たんい》が結合《けつごう》して、鎖《くさり》や網《あみ》の目のように絡《から》み合った複雑《ふくざつ》なポリマーを形成しています。分子を構成《こうせい》しているのは主《おも》に水素《すいそ》と酸素《さんそ》と炭素《たんそ》だけなので、金属《きんぞく》の鉄《てつ》のように酸素の影響《えいきょう》でさびたりしません。腐食《ふしょく》しにくく、金属とは違《ちが》って電気を通さない絶縁体《ぜつえんたい》です。水にも強く、熱を加《くわ》えて形を変えられる上に、でき上がればとても丈夫《じょうぶ》です。このような性質は、電気製品の素材《そざい》にはぴったりです。今は不可欠《ふかけつ》な存在《そんざい》です。

ですが、半面《はんめん》、自然界《しぜんかい》で長く存在することが大きな問題《もんだい》になってきています。

ここで、ちょっと組立てブロックを想像《そうぞう》してみてください。たくさんのブロックをつなげて、巨大《きょだい》なお城《しろ》や乗《の》り物を作ったとしましょう。複雑に入り組んだ結合《けつごう》は、簡《かん》単《たん》には壊《こわ》れないように丈夫に立派《りっぱ》に仕上《しあ》がりました。これがプラスチックの構造《こうぞう》、高分子だとします。そこにお客さんが来て、さあ、急いで元の箱《はこ》にしまわなければ！　慌《あわ》てて壊し始《はじ》めますが、かたまりではずれても、全部《ぜんぶ》を一つのピースに外していくのは至難《しなん》の業《わざ》です。とりあえず箱に入る大きさになったら無理《むり》やり詰《つ》め込《こ》んで、強引にふたをします。これが、壊れにくく、壊れた後々まで破片《はへん》となり、マイクロプラスチックとなり、自然界に居座《いすわ》って、消《き》えていくことのないプラスチックのイメージでしょうか。

現在確認《げんざいかくにん》されている海洋《かいよう》プラスチックゴミだけで1億《おく》5千万トン以上という報告《ほうこく》もあり、くじらやウミガメ、鳥の死因《しいん》の一つにもなっています。

さらに気がかりなのは、マイクロプラスチックやナノプラスチックと呼《よ》ばれるものの存在です。マイクロは百万分の1メートル、ナノは十億分の1メートルで、ざっくり例《たと》えて、赤血球《せっけっきゅう》がマイクロメートル、水分子がナノメートルレベルのサイズです。一般《いっぱん》にマイクロプラスチックというときは、5ミリメートル（ミリは千分の1）以下《いか》を指《さ》し、まれにもっと小さくなっていてマイクロを下回る百万分の1メートル以下になるとナノプラスチックと呼《よ》びます。当然まったく見えませんし、詳《くわ》しい分析《ぶんせき》をしないと存在もわかりません。

海では、ゴミとなったプラスチックが、紫外線《しがいせん》や海水、風雨《ふうう》や砂《すな》や岩などで壊れて、最終的《さいしゅうてき》にマイクロプラスチック化《か》していきます。細かくなるとどうなっていくのかはまだまだ研究段階《けんきゅうだんかい》です。自然界にある物質《ぶっしつ》ではないので、海で生きている生物の体や海底にたまったときの影響は未知《みち》です。危険《きけん》がないと言い切れないので、注意《ちゅうい》して影響を調《しら》べていく必要《ひつよう》があります。

組立てブロックのピースを一つ一つ外して始まりに戻《もど》すことは、ちょうどプラスチックを、水素と酸素と炭素のそれぞれの分子までバラバラにすることに当たります。

これができれば、自然界に散《ち》らばっても影響はありません。しかし、プラスチックが海や森に落ちても、植物《しょくぶつ》とは違《ちが》って、微生物に分解されて土に帰るという自然のサイクルにはのりません。自然界に存在していなかったプラスチックを分解できる、自然界の微生物はいなかったのです。

ところが、プラスチックゴミの処理場《しょりじょう》の土から、プラスチックを分解して炭素をとり出し利用して生きている菌《きん》が見つかりました。人が作り出した物質に対《たい》して登場《とうじょう》してきた菌だとしたら、微生物界の進化の一つなのかもしれません。この菌では分解にとても時間がかかるので、まだプラスチック問題を解決できるとはいえません。しかし、世界《せかい》の研究者たちがその実現に向《む》けて努力《どりょく》しています。

**よしきさんの答え**　プラスチックは分解されずに自然界に長く残《のこ》る。目に見えないほど小さくなったものもあって、人や環境《かんきょう》への影響がわからない。

**せいらさんの答え**　プラスチックを分解できる微生物が見つかった。

＊石油については42ページを参照

# ものが燃《も》えると炎《ほのお》が出るけど、ロウソクの炎とガスの炎の色が違《ちが》うのはなぜ？

大型《おおがた》台風が来る予報《よほう》が出て、はるとさんと妹のえまさんは、おばあさんといっしょに、災害用《さいがいよう》非《ひ》常《じょう》袋《ぶくろ》を点検《てんけん》しています。そこには停電《ていでん》のときに役立《やくだ》つように懐中電灯《かいちゅうでんとう》のほかに長時間ロウソクも入っていました。登山用《とざんよう》の携帯《けいたい》ガスコンロも用意してありました。

「このロウソクはどのくらい明るいの？　つけてみたいな。」

えまさんがそう言います。はるとさんは遊《あそ》びじゃないんだよと言いたくなりましたが、ちゃんとつくのか、明るさが十分なのか、実験《じっけん》しておくのはいいことかもしれないと思い直しました。

「おばあちゃん、試《ため》しておこう。明るさが足りなかったら、数が足りないかも。」

「そうねえ、じゃあ、このガスコンロもちゃんとつくか試しておきましょう。」

おばあさんはそう言って、どちらにも火をつけてみました。部屋《へや》を暗《くら》くしてみると、ロウソクはそれなりに明るいのですが、エアコンや電話などのパイロットランプ、窓《まど》の外のライトなどが全《ぜん》部《ぶ》消《き》えてしまうことを考えると暗いかもしれません。ガスコンロは青い炎を出して、ちゃんとつきました。

「ねえ、お兄ちゃん、どうして炎の色が違うの。」えまさんに聞かれて、はるとさんは「ロウソクはガスと違うから」と答えました。でも、そう答えてから、あらためてどうして同じ炎なのに色が違ってくるんだろうと不思議《ふしぎ》に思いました。そこで、こっそりおばあさんを見ると、任《まか》せなさいとばかりにニコッと笑《わら》ってくれました。

「ロウソクの火もガスの火も、ものが燃えて炎が出ているでしょう。お兄ちゃんが言うロウソクとガスが違うというのは、この『もの』が違うということね。『ものが燃える』ってどういうことだと思う？」

おばあさんにそう尋《たず》ねられたえまさんは、「ええっと、ふだんより熱《あつ》くなって、炎が出て……」と、いっしょうけんめい考えて答えています。「それで光が出るの。ものが燃えるには酸素《さんそ》が必要《ひつよう》なの。燃えると灰《はい》になるの。」

ロウソクと携帯ガスコンロを消して、おばあさんはそれをしまえるように冷《さ》ましています。「よくできました。まとめて言うと、ものが燃《も》えるのは、熱《ねつ》や光を出しながら、ものが空気中の酸素と結《むす》びついて、別《べつ》のものになるということね。ところでこのガスコンロのガスはＬＰガス（液化石油《えきかせきゆ》ガス）というの。理科室のガスバーナーや都《と》市《し》ガスは、ほとんどがメタンガス（天然《てんねん》ガスの主成分《しゅせいぶん》）よ。」

おばあさんの話を聞きながら、はるとさんはメタンガスという名前をほかでも聞いたことがあったような気がしました。どこだったか考えながら聞いていると、

「このメタンガスが燃えるということは、酸素と結びついて高温《こうおん》が出て、二酸化炭素《にさんかたんそ》と水蒸気《すいじょうき》に変わることなの。」

そう、おばあさんが言いました。はるとさんはハッとしました。

「おばあちゃん、それ、気候変動《きこうへんどう》の原因《げんいん》になるガスだ。二酸化炭素とか、メタンガスとか。」

はるとさんの気づきに、おばあさんはこっくりと首をたてに振《ふ》りました。

「そう、気候変動の原因《げんいん》は、普通《ふつう》に私《わたし》たちの周りにある気体なの。自然《しぜん》のままならば問《もん》題《だい》にならないような、当たり前の気体です。動物《どうぶつ》が息《いき》をして吐《は》き出したり、自然に山火《やまか》事《じ》が起《お》きたりすれば二酸化炭素が出るし、枯葉《かれは》や死骸《しがい》が微生物《びせいぶつ》によって腐《くさ》って土に還《かえ》っていくときや、海の底から自然に湧《わ》き出てくるメタンガスも、当たり前に地球《ちきゅう》にあるものですよ。問題は、現代《げんだい》の人間の活動が、それをとてもたくさん出してしまうことね。」

「だから、世界《せかい》で話し合って、減《へ》らそうとしているのか。人の活動が問題だから、人が話し合いで減らして、

よくしようとしているんだね。」

話をしているうちに、使《つか》ったロウソクも携帯ガスコンロもちゃんと冷《さ》めたので、はるとさんはそれをしまい始《はじ》めました。えまさんはおばあさんに話の続《つづ》きをねだっています。まだ、どうして色が違うのかがわかっていません。

「ものが燃えるには酸素が必要だけれど、酸素の量《りょう》で燃え方が違ってくるのよ。例《たと》えば、ガスの分子が全部酸素とくっつく場合と、半分しかくっつかない場合では、どっちも燃えているけれど、燃え方が違ってくると思わない？」

「あっ、それ、知ってる。酸素が足りないと不完全燃焼《ふかんぜんねんしょう》っていうんだよ。空気が悪《わる》くなるって、先生が言ってた。」

思わずえまさんは身《み》を乗《の》り出しました。やっと、よく知っている話になったのです。

「その通りね。さっき、燃えると二酸化炭素と水になると言ったけれど、それは、酸素が十分で完全に燃えるときのことね。酸素が足りないとスス*がいっぱいできて、一酸化炭素という、人には毒《どく》になる気体もできることがあるわ。だから、先生が、空気が悪くなるっておっしゃったのね。」

「ということは、炎の色の違いは燃え方の違いってこと？」

はるとさんは、携帯ガスコンロや理科室のガスバーナーに空気量を調《ちょう》節《せつ》するところがあるのを思い出したのです。それを動かすと、たしかに炎の感《かん》じや色あいも変わります。

「そう。普通の空気中の酸素の量では、不十分な部《ぶ》分《ぶん》が多いから、ロウソクの炎は黄色っぽく明るく広がっているの。結びつく酸素が足りないので、周《しゅう》囲《い》に広がって新しい空気に出会ってから、さらに酸素と結びつくことになるでしょう。だから、広い範《はん》囲《い》で炎が見えてきます。また、輝《かがや》くような明るさの正体は、空気が不足しているときに出るススが高温になって明るい光を発《はっ》しているからよ。」

「ええっ？　ススって黒くないの？」えまさんが不思議に思って聞くと、おばあさんの代《か》わりに、はるとさんが予《よ》想《そう》を言いました。

「高温になると光るっていうことじゃないのかな。冷めると黒い。ガスコンロはロウソクみたいには、明るく輝かないから、ススが出てないんだ。ススが出ないくらい、酸素が十分あって、完全に燃えているっていうことか。」

おばあさんはうなずきました。

「はる君の考えた通りよ。ガスコンロでは、初《はじ》めから酸素を混《ま》ぜてあるので、よく燃えて高温になるの。ガスと酸素が結びついていく変化《へんか》の途中《とちゅう》で、高温で青い光を出す物質《ぶっしつ》ができるから炎が青くなる。短《みじか》い時間でガスと酸素がすべて結びついてしまうので、いっきに激《はげ》しく燃えて、ロウソクに比《くら》べると燃えて見える範囲がせまくなり、炎が見えにくくなるわ。」

みんなで話しているうちに、防災用品《ぼうさいようひん》は無事《ぶじ》しまい終《お》えました。

「お兄ちゃん、ロウソクが明かりで、携帯ガスコンロがお湯《ゆ》を沸《わ》かしたりするためって、目的《もくてき》が違う理由《りゆう》がわかったわ。」

えまさんの言葉《ことば》に、はるとさんもなるほどと思いました。

「そうだね、ガスは高温でよく燃えてお湯を沸かせても、辺りを照らす輝きには足りないものね。ロウソクの炎が、ススが出ていて輝いていたとはびっくりだけどな。」

＊炭素の微粒子《びりゅうし》

# エネルギーってどういう意味《いみ》？エネルギーが「クリーン」ってどういうこと？

「エネルギー」はいろいろな意味《いみ》で使《つか》われます。「エネルギー」が元気と同じように使われることはよくあります。つかれると「エネルギー」が切れたと言ったりもします。もともと「エネルギー」は「はたらきがある」という意味です。電気や、光や音、熱《ねつ》もエネルギーです。太陽《たいよう》は、光も熱も地球《ちきゅう》に届《とど》けてくれるので、太陽エネルギーと言ったりもします。「はたらきがある」ということは、例《たと》えば、光エネルギーはまわりを明るくします。熱エネルギーはあたためます。電気エネルギーを使うと、エアコンで涼《すず》しくしたり暖《あたた》かくしたり、掃除機《そうじき》を動《うご》かしたりできます。テレビを見たり、パ

ソコンでいろいろなことができたりもします。

ほかには、「エネルギー」を大切にという呼《よ》びかけも、よく聞きます。エネルギーを節約《せつやく》する意味の「省《しょう》エネルギー」を短《みじか》く言う「省エネ」という言葉《ことば》も耳にします。この場合の「エネルギー」は主《おも》に電気エネルギーです。熱や光もエネルギーなのですが、電気は、いろいろなはたらきがあり、とても便利《べんり》なので、いちばんよく使われます。それで「エネルギー」といえば、電気エネルギーを意味することが多いのです。

ある日、ゆうさんは「クリーン」は清潔《せいけつ》で汚《よご》れていないことを意味すると、英語《えいご》の先生に教わりました。別《べつ》の日のテレビで、自然《しぜん》を守《まも》ろうと考える人たちが、クリーンなエネルギーを利用《りよう》することが大切だと話しているのを聞きました。

「じゃあ、クリーンじゃないエネルギーって汚《きたな》いのかな。それはなんだろう。」

この話題《わだい》が気になったゆうさんは、エネルギーについて調《しら》べてみました。

クリーンなエネルギーと呼《よ》ばれているものは、私《わたし》たちが暮《く》らす地球の空気を汚さないで利用できるエネルギーのことです。

例えば太陽光発電《たいようこうはつでん》では、太陽の光を発電パネルに当てるだけで、光のエネルギーを利用して電気を作ることができます。この発電で空気は汚れません。ですから、太陽光はクリーンなエネルギーです。ところが石油《せきゆ》で電気を作ろうとすると、石油を燃《も》やして出る熱で発電機《はつでんき》を回す必要《ひつよう》があります。石油を燃やすと二酸化炭素《にさんかたんそ》や、自然のきれいな空気の中にはほとんど存在《そんざい》しない汚い粒《つぶ》*が出ます。これは、空気を汚すのでクリーンなエネルギーとはいえません。

ゆうさんはクリーンであるかないかはエネルギーが汚れているわけではなく、そのエネルギーを利用して電気を起《お》こすときに、空気を汚すかどうかだとわかりました。

「風車で水を汲《く》んだり、水車で小麦を粉《こな》にひくって、前に読んだ絵本にあった。その力を使えば、石油を燃やさないで発電機を回せるんじゃないかな。それで電気を作れば、風や水もクリーンなエネルギーのはずだな。」

そう思ったゆうさんが説明を読んでいくと、予想通り水力や風力での発電もクリーンなエネルギーだと書いてありました。

「やっぱり、大当たり。でも、太陽の光や風や波《なみ》って、お天気によって出せる力が違《ちが》うだろうから、まったく発電できないときもあるはずだよ。できた電気を溜《た》めておけないと困《こま》っちゃうだろうな。」

　ゆうさんの心配はその通りです。たくさん発電できるときに溜めておいて、あまり発電できないときに溜めた電気を使える「蓄電《ちくでん》池《ち》」もいろいろと作られています。今はまだ、安定《あんてい》して電気を作れるのは石油などによる発電ですから、燃やすときに出る汚い粒を、なるべく外の空気中に出さない工夫《くふう》も進んでいます。これまで原子力発電も利用されてきていますが、安全性《あんぜんせい》についての十分な検討《けんとう》が終《お》わらないと稼働《かどう》できません。

＊窒素酸化物《ちっそさんかぶつ》や硫黄《いおう》酸化物など

# 「生涯学習《しょうがいがくしゅう》」ってずっと学校に行くことなの？

**しんごさんの問《と》い**　生涯《しょうがい》って生まれてから死《し》ぬまでのこと？

**みかさんの問い**　赤ちゃんやお年寄《としよ》りは学校に行かないのに、なんで学習するの？

人が生まれてから死ぬまでの間を一生《いっしょう》とか、生涯といいます。皆《みな》さんはまだ子どもなので知らないことがたくさんあります。生きていくために必要《ひつよう》なたくさんのことを、見たり、教わったり、繰《く》り返《かえ》したりして、身《み》につけていく必要があります。これを学習といいます。

「学」という字を見ると、学校でやることのような気がします。ですが、学ぶことは何も学校でやることだけではありません。人は生涯でどんなことを学習していくのかを考えてみましょう。

赤ちゃんは、手足を動《うご》かしたり、目や口を開《ひら》いたり閉《と》じたり、泣《な》いたりしますが、そうやって自分のいる場所《ばしょ》を感《かん》じ、触《ふ》れるものを覚《おぼ》え、とりまく人と関《かか》わって、せまい周囲《しゅうい》のことを学んでいます。それから、ハイハイや一人歩きができるようになると、家の中や、大人《おとな》と出かける公園など、知ることのできる世界《せかい》が広がっていきます。

学校に行く前に、保育園《ほいくえん》や幼稚園《ようちえん》、こども園などに通うのは、家以外《いがい》の場所を詳《くわ》しく知り、家族《かぞく》以外の人であるお友《とも》だちや先生といっしょに過《す》ごすためです。助《たす》け合ったり、ぶつかり合ったりしながら、みんなと楽しく生きていく方法《ほうほう》を身《み》につけます。そしていろいろな不思議《ふしぎ》を見つけ、その謎《なぞ》を追《お》いかけて、自分の世界を広げます。

ここまでは皆さんが小学校に来るまでに、ずっと続《つづ》けてきた学習です。小学校、中学校での学習は実際《じっさい》に皆さんが体験《たいけん》しますから、ここでは詳しく書きません。でも、休み時間の遊《あそ》びも、先生やおうちの人にほめられたり、叱《しか》られたりすることも、すべて、皆さんが生きていく上で大切な学習です。授業《じゅぎょう》やテストだけが学習ではありません。

高校や大学、専門学校《せんもんがっこう》などでは、それぞれ学びたいものをよりくわしく学ぶことができます。自分の夢《ゆめ》を叶《かな》えるために、力をたくわえる学習をします。

大人になって社会に出ると、仕事や生活で必要なことを学習しながら暮《く》らしていきます。例《たと》えば、乗《の》り物《もの》の運転《うんてん》を習ったり、スポーツに取《と》り組んだり、社会の決《き》まりを調べたり、お金や品数《しなかず》の計算方法を学んだり、人によって学習は違《ちが》いますからとても書ききれません。また、年をとって続《つづ》けてきた仕事を辞《や》めても、昔《むかし》学びたくてもできなかったことに挑戦《ちょうせん》したり、好きな趣味《しゅみ》を深《ふか》めるなど、さまざまな場面《ばめん》で人は一生、学び続けます。SDGs《エスディージーズ》の「質《しつ》の高い教育《きょういく》をみんなに」では生涯学習も目標とされています。世界中のすべての人が生涯学習をできる社会にしていきましょう。

**しんごさんの答え**　生まれてから死ぬまでを一生とか生涯という。

**みかさんの答え**　学校で習うことだけが学習ではない。人は一生学び続ける。

# 世《せ》界《かい》のみんながいつでも水が飲《の》めるようにするにはどうしたらいいの？

まさきさんは元日《がんじつ》の朝、日が昇《のぼ》る前に若水《わかみず》を汲《く》むお母さんについて井戸《いど》に行きました。若水とは元日や立春の朝に、井戸で汲む初《はじ》めの水で、まさきさんの家では、お茶をたてるのも、お雑煮《ぞうに》を作るのもこの水を使《つか》います。一年の健康《けんこう》を祈《いの》って続《つづ》けてきた、古くからのしきたりです。新しい水おけを持《も》ったまさきさんは、昔《むかし》の人は本当に水を大切にしていたのだなと感《かん》じています。水おけには神様《かみさま》にするように、しめ縄《なわ》が張《は》られていて、水に敬意《けいい》をはらっているのがわかったからです。

「まさき君の家にはまだ、井戸があるんだね。」

「うちはマンションだから、そういうのに憧《あこが》れるな。でもうちのパパ、育《そだ》ったのがケニアなので、日本の習慣《しゅうかん》は大事《だいじ》にしたいって、おせちはうちで作ってるの。私《わたし》も手伝《てつだ》うんだよ。」

「ういちゃん、もう料理できるんだ。えらいね。」

「ダシはとれます。料理では水にも気を使います。」まさきさんにほめられて、ちょっとおどけたういさんでしたが、ふいにまじめな口調《くちょう》になりました。

「そういえば、まさき君の家の井戸、大事にしてね。パパの話では、災害《さいがい》のとき、井戸があるおうちに協力《きょうりょく》してもらおうと思っても、ちゃんと使える井戸が残《のこ》っているおうちがものすごく少なくなっているんですって。」

「えっ、そうなの？　そうか、地震《じしん》とかで水道が出なくなったら、井戸は大事だね。若水を汲みながら、水はすごく大切に考えられていたんだなって思ったばかりだよ。」

まさきさんは元日の朝に自分が感じた厳粛《げんしゅく》な気分を思い出していました。

現在《げんざい》、日本では当たり前のように、水道*がどこでも使えて水がすぐ飲めますが、世界ではそうではない国のほうが多いのです。SDGs《エスディージーズ》に「安全《あんぜん》な水とトイレを世界中に」をかかげる必要《ひつよう》があるほど、水はたやすく手に入らないのです。

水道の歴史《れきし》は古く、今から２７００年以上も昔に、すでに水道と呼《よ》べるような設備《せつび》が古代《こだい》メソポタミアにありました。イタリアでは、紀元《きげん》前後に何百年もかけて全長《ぜんちょう》３５０キロメートルの長大なローマ水道が作られ、その一部《いちぶ》は現在も使われています。日本でも、江戸《えど》時代に多摩川《たまがわ》の水を「玉川上水」で引いて、江戸の町で使っていました。ローマの水道では１キロメートルあたり34センチメートル、玉川上水は平均《へいきん》して１キロメートルあたり47センチメートルずつ低《ひく》くなる、ゆるやかな下り坂《ざか》をつくり、重力《じゅうりょく》の力で自然《しぜん》な水の流《なが》れをつくり出しています。

玉川上水は工事を引き受《う》けた玉川兄弟が、幕府《ばくふ》の資金《しきん》が底《そこ》をついてからも自分のお金を使ってまで続け、たいへんな苦労《くろう》をして完成《かんせい》させました。それほどに、安定《あんてい》して水を手に入れることは難《むずか》しく、なんとしても必要なことだったのです。

「パパが子どもの頃《ころ》ケニアにいたのは、おじいちゃんたちがケニアの村に井戸を掘《ほ》っていたからなんですって。水不足《みずぶそく》できれいな水が手に入らない人が多かったらしいの。村の教会や学校に井戸ができれば、周《まわ》りのみんなが使えるからって、あちこちでがんばっていたらしいよ。」

「え、すごいな。ういちゃんのおじいさんって、そんな活動《かつどう》をしていたんだ。」

「うん、同じように、お医者《いしゃ》さんでケニアに行っていたおばあちゃんと向こうで結婚《けっこん》して、パパが生まれたんだって。おばあちゃんもきれいな水があることは本当に大事なのって言っていた。」

「そうか、びっくりした。水が足りないところでがんばって活動していた人の言葉《ことば》ってすごく重《おも》いね。」

　ういさんとまさきさんは顔を見合わせました。

「私たちは私たちにできることで、水を大切にして、その先に、世界の誰《だれ》かに水を届《とど》けられたらいいなと思う。」

ういさんがそう言うと、まさきさんもうなずきました。

「そうだね。僕《ぼく》はまずはうちの井戸を大切に守《まも》ろう。それから、これ以上《いじょう》うちの市の井戸を減《へ》らさないよう守るために、なんで、昔に比《くら》べて減ったのかを知りたいな。使っていなくても、まだ使えるように元に戻《もど》せる井戸はないかも調べてみたいなとも思う。」

「私はパパや、おじいちゃんやおばあちゃんの話をもっと詳《くわ》しく聞いてみようと思う。今聞いておかないと、みんなが協力してやっていた、小さいけれどとても大切な活動のことを知らないままになってしまいそう。」

「世界中に」という目標《もくひょう》は大きすぎて達成《たっせい》はたやすくありません。しかし、見方を変《か》えれば、そのためにできることは、身の周りに無限《むげん》にあるということです。私たちが知ろうとして動《うご》き、気づきを行動にうつす、そうやって試《ため》していく小さな活動の積《つ》み重《かさ》ねの先に、「世界中」が見えて来るのではないでしょうか。皆《みな》さんは、この「安全な水とトイレを世界中に」という目標のために、どんな一歩をふみ出しますか。

＊日本の水道については36ページを参照《さんしょう》

# 「たこ足配《はい》線《せん》」ってよく聞くけど、どうして危《あぶ》ないの？

**とわさんの問《と》い**　「たこ足配線」って何のこと？　なんで危《あぶ》ないっていうの？

**せりさんの問い**　壁《かべ》のコンセントがいっぱいになったので、一つをコードが付いた電《でん》源《げん》タップにした。プラグをさすところがいくつもあって便利だけど、「たこ足配線」にならないの？　電源タップは危険《きけん》な製品《せいひん》なの？

壁のコンセントは２口が多いですが、つなぎたい電気製品が多くて、それでは足りないときがあります。すると、延長《えんちょう》コードが付いた電源タップと呼《よ》ばれる、コンセントの口がいくつもある形の電《でん》気《き》器《き》具《ぐ》を使《つか》います。

最近《さいきん》の電源タップには、四つも五つもコンセントの口が付いていたり、さらにはUSBなどをさせる口があるものもあります。いずれもお店で売っている製品ですから、これにつないでも安全《あんぜん》なはずです。

さて、タコの足は八本。電源タップにいっぱいプラグをさすと、コードは（別《べつ》に八本とは限《かぎ》りませんが）、一箇所《かしょ》からあちこちにのびて、たこの足のように見えます。これはけっしていい意味で名づけられているのではありませんから、かわいい名前などとは思わないでください。たこ足配線で電気製品を利用《りよう》するのは、安全な使い方ではありません。

とはいえ、つなぐだけなら危険はありません。たいていの電気製品はスイッチを入れなければ動《うご》きませんから、プラグをさしただけでは電流は流れません。また、ふだんはごく少ない電気を利用して、常《つね》にスタンバイの状態《じょうたい》にしておくと便利な電気製品もあります。夜、部屋《へや》の明かりを消《け》しても、特《とく》にその器具が動いていないのに、青や緑《みどり》の小さな明かりがついているものがありませんか？　そういうものがいくつもつながっていたとしても、たいした電流《でんりゅう》は流《なが》れず、何本もプラグがつながっていても問題《もんだい》はないので、電源タップは普通《ふつう》にお店で売っています。

では、たこ足配線で電気製品を利用する際《さい》に、注意《ちゅうい》が必要《ひつよう》なのはなぜでしょうか。

まず、グニャグニャしたたこの足に似《に》ているということは、コードがごちゃごちゃ曲《ま》がりくねっていることでもあります。ときにはからんでいるかもしれませんから危険です。コードがいたんで中の金属《きんぞく》の線がと切れると、電気が流れなくなったり、かすかに切れたところが触《ふ》れてかろうじて電気が流れた場合に、流れにくさから熱《ねつ》が出て焦《こ》げたりすることもあります。からんで引っ張《ぱ》られプラグがゆるみやすく、そこに何か電気を通すものが触れるとショートして火花が散《ち》ることもあります。つながっているコードが何本もある場合は、きちんと整理《せいり》して危なくないようにしましょう。

次に、何個《こ》ものプラグをつないでいて、どの電気器具もはたらくことができる状態であることにも、注意が必要です。電気器具に電気が流れると、ドライヤーならば熱《あつ》い風が出たり、スタンドならば明かりがついたり、パソコンならば画面《がめん》が明るくなったりします。それらはすべて、電気のエネルギーを使って動いています。コンセントには発電所《はつでんしょ》から、決《き》まった量の電気のエネルギーが来ています。これは日本の家庭《かてい》のコンセントでは電圧《でんあつ》１００ボルトと決まっています。さて、電気器具を見るとそれぞれを使ったときに流れる電流の量《りょう》が書いてあります。電気器具を１００ボルトのコンセントにさして使うとき、その電気器具には決まった電流が流れます。

コンセントにいくつの電気器具をつないでも、並列《へいれつ》につながるようになっているので、どの器具にも１００ボルトがかかります。その結果《けっか》、それぞれの器具でそれぞれの電流が流れます。すると、コンセントのところでは、すべての電気製品に流れる電流の合計した量の電流が流れることになります。

ところで、普通のコンセントでは流すことのできる電流の値《あたい》は15アンペアと決まっています。例《たと》えば豆電球のフィラメントに、決まった値以上《あたいいじょう》の電流を流すと切れてしまうように、コンセントの材質《ざいしつ》や形で耐《た》えられる電流の量が決まっているのです。そこに、たくさんの電気製品を無理《むり》やりつないで、決まった量を超《こ》える電流を流してしまうととても危険になるので、安全ブレーカー*が落ちてその部屋の電気が止まるようになっています。仮《かり》に電気が切れなければ、コンセントは熱くなり発火する危険な使い方なのです。

いくつもさし込《こ》める電源タップにプラグをさしたまま使っていると、自分が使おうとしている電気製品が、どこのコンセントにつながっているのかあまり意識《いしき》せずにスイッチを入れてしまうことがあります。たこ足配線は、「電気製品を利用する際に」こそ、決まった量を超える電流が流れないように注意する必要があるのです。

**とわさんの答え**　電源タップにいっぱいプラグをさすと、コードはたこの足のように見えるか

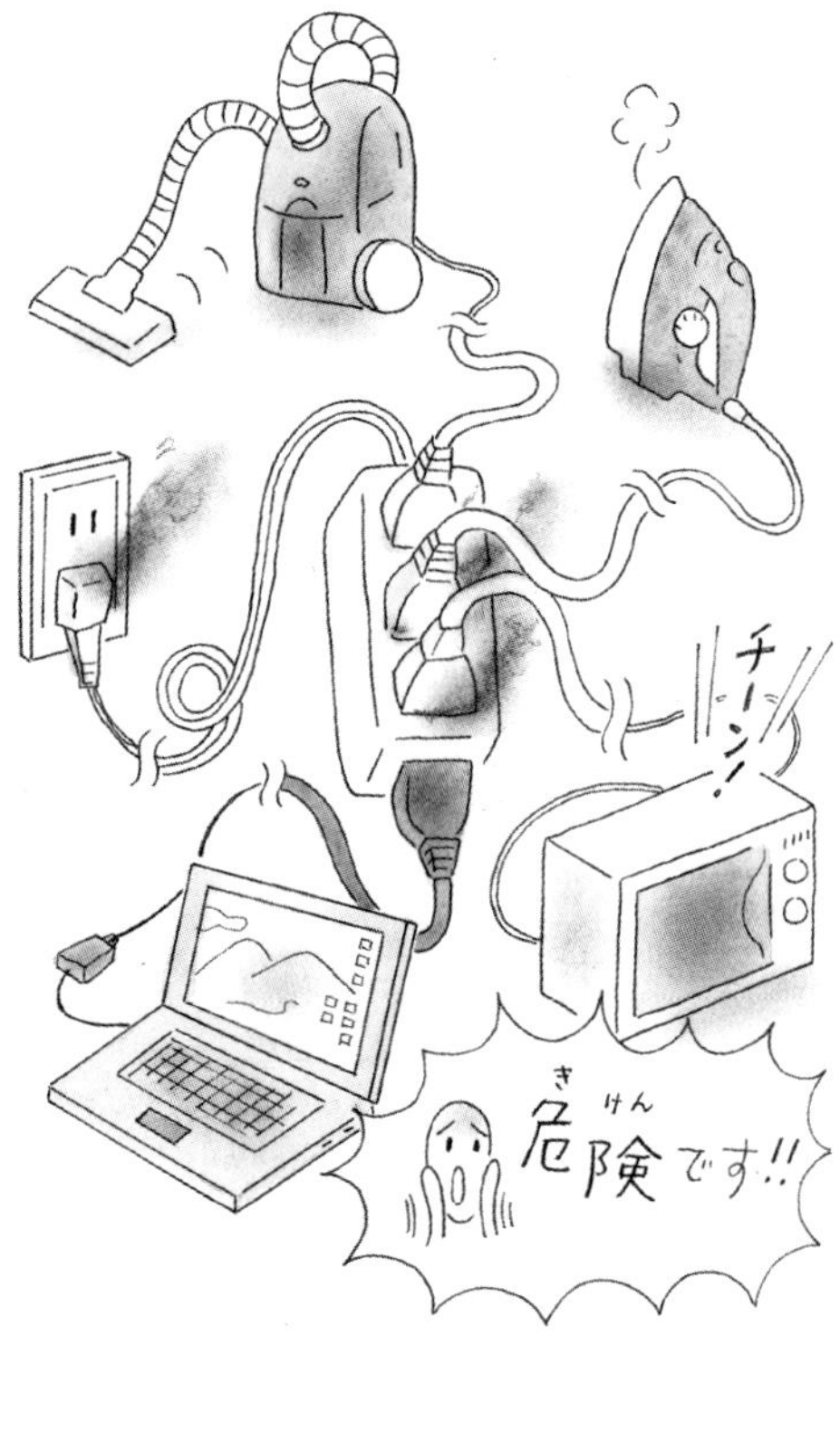

らそう呼ぶ。コードがからんでいたたむ。一度《いちど》にいろいろな電気製品を使うと、電流が流れ過《す》ぎる。

**せりさんの答え**　「たこ足配線」になる。ただし、プラグを電源タップにさしているだけでは、危ない使い方ではないから、電源タップ自体は危険ではない。

＊家庭の各《かく》部屋に電気を送る機械《きかい》（分電盤《ぶんでんばん》）の中にある、電気回路《かいろ》を遮断《しゃだん》できるスイッチ。

## コラム

電気器具の表示《ひょうじ》を見ると「消費電力《しょうひでんりょく》」と書いてあって、その後に「１５００Ｗ（ワット）」というように書かれて、電流が何アンペアか書いていないものもあります。「消費電力（ワット）」は「電圧（ボルト）」×「電流（アンペア）」のことですから、電圧１００ボルトで使うときは、「１５００Ｗ」は15アンペアの電流が流れるという意味です。

電気器具《でんききぐ》表示例《ひょうじれい》

## 参考ＨＰ、参考文献

公益社団法人　農林水産・食品産業技術振興協会　ＨＰ〈読み物コーナー〉

日本気象学会　ＨＰ〈天気予報の歴史〉

ＷＷＦジャパン　ＨＰ

国土交通省気象庁　ＨＰ〈各種データ・資料〉地球環境・気候

公益財団法人　日本ユニセフ協会　ＨＰ〈持続可能な世界への第一歩　ＳＤＧｓ ＣＬＵＢ〉

『死―宮崎学写真集』平凡社、１９９４

# 索《さく》引《いん》

この本に出ている、いろいろな言葉《ことば》や説明《せつめい》をまとめました。みなさんが知りたいな、不《ふ》思《し》議《ぎ》だなと思う言葉や説明があれば、そのページのお話を読んでみてください。思わぬ答えが見つかるかもしれません。


| あ行 | 〈ページ〉 |
|---|---|
| アイドリングストップ | 84 |
| 朝虹《あさにじ》は雨《あめ》、夕虹《ゆうにじ》は晴《は》れ | 89 |
| アスファルト | 42 |
| アフリカ大地溝帯《だいちこうたい》 | 22 |
| アポロ宇宙船《うちゅうせん》 | 79 |
| アルミホイル | 147 |
| EV《いーぶい》（電気自動車） | 85 |
| 遺伝子《いでんし》 | 102、111 |
| 井戸《いど》 | 170～174 |
| いん石《せき》 | 61 |
| 宇宙線《うちゅうせん》 | 170～174 |
| HV《えいちぶい》（ハイブリッドカー） | 84 |
| 江戸《えど》っ子《こ》1号《いちごう》 | 17 |
| LP《えるぴー》ガス（液化石油ガス） | 158 |
| エンジン | 83 |
| 温室効果《おんしつこうか》 | 138 |
| 温度計《おんどけい》 | 90 |

## か行

〈ページ〉

海溝型《かいこうがた》地震《じしん》　28
回虫《かいちゅう》　117
海底探査《かいていたんさ》　17
海洋研究《かいようけんきゅう》開発機構《かいはつきこう》　18
科学技術館《かがくぎじゅつかん》（東京都千代田区）　95
かぐや（月周回衛星）　80
活断層《かつだんそう》　28
家内制手工業《かないせいしゅこうぎょう》　97
雷《かみなり》　73
ガリレオ（イタリアの学者）　90
気圧《きあつ》（大気圧）　90
気球《ききゅう》　70
気候変動《きこうへんどう》　139、159
技術革新《ぎじゅつかくしん》（イノベーション）　95
ギネス世界記録《せかいきろく》　77、130
キャビンアテンダント　51
ギルバート（イギリスの物理学者）　72
緊急《きんきゅう》地震速報《じしんそくほう》　24
クーロン（フランスの物理学者）　73
クリーンなエネルギー　85、163
グリーンランド氷床《ひょうしょう》　135
クローン　58
携帯《けいたい》ガスコンロ　156
KS《けーえす》鋼《こう》（永久磁石）　65
ゲーリッケ（ドイツの物理学者）　91
ケニア　171
工場制《こうじょうせい》機械工業《きかいこうぎょう》　97
紅毛雑話《こうもうざつわ》　71
心《こころ》の性《せい》　112
COP《こっぷ》（気候変動枠組条約締約国会議）　49、85
子《こ》ども訪問団《ほうもんだん》　50

- コハク　72
- ゴミ処《しょ》理《り》場《じょう》・焼《しょう》却《きゃく》炉《ろ》　75、147、155
- コンセント　175

## さ行　〈ページ〉

- 災《さい》害《がい》　26、86、93、141、156、171
- サクラ　56
- 酸《さん》素《そ》　87、127、128、134、137、152、158
- ジェンダー　108
- 磁《じ》界《かい》　74
- 磁《じ》気《き》　64、73
- 磁《じ》石《しゃく》（マグネット）　54、61、72
- 地《じ》震《しん》　19、24、37、97、115、171
- 磁《じ》鉄《てっ》鉱《こう》　61
- 自《じ》動《どう》車《しゃ》　75、82
- 司《し》南《なん》之《の》杓《しゃく》　62
- 下《しも》肥《ごえ》　117
- 省《しょう》エネルギー（省エネ）　164
- 生《しょう》涯《がい》学《がく》習《しゅう》　167
- 蒸《じょう》気《き》機《き》関《かん》　83、97
- 縄《じょう》文《もん》時《じ》代《だい》の海《うみ》を行《い》く船《ふね》　48
- しんかい6500（潜水調査船）　19
- 震《しん》源《げん》　24
- 水《すい》素《そ》　69、87、152
- 水《すい》道《どう》　36、171
- 頭《ず》蓋《がい》骨《こつ》　120
- スタージャン（イギリスの物理学者）　74
- 生《せい》殖《しょく》器《き》　110
- 性《せい》染《せん》色《しょく》体《たい》　111
- 静《せい》電《でん》気《き》　73
- セキツイ動《どう》物《ぶつ》と無《む》セキツイ動《どう》物《ぶつ》　132

石油《せきゆ》 42、64、83、151、165
絶縁体《ぜつえんたい》 152
赤血球《せっけっきゅう》 131
絶滅危惧種《ぜつめつきぐしゅ》 140
ゼロ・エミッションカー 85
染色体《せんしょくたい》 104、111
総務省《そうむしょう》消防庁《しょうぼうちょう》 27
ソメイヨシノ 56
素粒子《そりゅうし》 53

## た行 〈ページ〉

耐圧《たいあつ》ガラス球《きゅう》 17
太陰太陽暦《たいいんたいようれき》 78
ダイオキシン 150
太陽光発電《たいようこうはつでん》 165
太陽《たいよう》フレア 54
太陽暦《たいようれき》 78
対流《たいりゅう》 23
たこ足配線《あしはいせん》 175
田沢湖町《たざわこまち》（秋田県） 45
WWF《だぶりゅーだぶりゅーえふ》（世界自然保護基金） 137
玉川上水《たまがわじょうすい》と玉川兄弟《たまがわきょうだい》 172
タンパク質《しつ》 105
地球《ちきゅう》の気温上昇《きおんじょうしょう》 136
地球《ちきゅう》の大気《たいき》 52、69、92、137
蓄電池《ちくでんち》 166
注射針《ちゅうしゃばり》 98
中性子《ちゅうせいし》 53
長時間《ちょうじかん》ロウソク 156
超電導磁石《ちょうでんどうじしゃく》 76
つぎ木《き》・さし木《き》 58
月《つき》の地表面温度《ちひょうめんおんど》 137
月《つき》の土《つち》 81
DNA《でぃーえぬえー》（デオキシリボ核酸） 103

天気予報《てんきよほう》 88、97
電磁気力《でんじきりょく》 64
電磁石《でんじしゃく》 72
でんぷん 129
電流《でんりゅう》 74、176、180
東京気象台《とうきょうきしょうだい》（今の気象庁） 89
トラフ 21
トリチェリ（イタリアの物理学者） 91

**な行** 〈ページ〉

内陸型地震《ないりくがたじしん》 28
NASA《なさ》（アメリカ航空宇宙局） 79
二酸化炭素《にさんかたんそ》 85、130、137、147、158、165
ニホンオオカミ 141
燃料電池車《ねんりょうでんちしゃ》 87
ノルウェー 86

**は行** 〈ページ〉

麦芽糖《ばくがとう》 129
バクテリア 116
パスカル（フランスの学者） 91
発電《はつでん》 64、84、150、165
PHV《ぴーえいちぶい》（プラグインハイブリッドカー） 84
飛行船《ひこうせん》 69
微生物《びせいぶつ》 19、44、116、151、155、159
氷河《ひょうが》 136
ファラデー（イギリスの化学者・物理学者） 74
フェニキア人《じん》 46
フェライト磁石《じしゃく》とネオジム磁石《じしゃく》 65
フェルディナンド二世《にせい》（イタリア・トスカーナ大公） 90
不完全燃焼《ふかんぜんねんしょう》 160

| | |
|---|---|
| ブドウ糖《とう》 | 129 |
| プラスチック | 151 |
| フランクリン（アメリカの科学者） | 73 |
| プレート | 19、26 |
| ヘモグロビン | 131 |
| ヘモシアニン | 132 |
| ヘリウム | 67 |
| 方《ほう》位《い》磁《じ》石《しゃく》 | 62 |
| 防《ぼう》災《さい》用《よう》品《ひん》・災《さい》害《がい》用《よう》非《ひ》常《じょう》袋《ぶくろ》 | 26、156 |
| 放《ほう》射《しゃ》線《せん》 | 50 |
| ホッキョクグマ | 135 |
| ホッチキス | 99 |
| ボルタ（イタリアの物理学者） | 73 |
| **ま行** | 〈ページ〉 |
| マントル | 20 |
| 密《みつ》度《ど》 | 21、68、120 |
| 三《みつ》峯《みね》神《じん》社《じゃ》（埼玉県秩父市） | 142 |
| メタンガス | 139、150、158 |
| メンデル（チェコの生物学者） | 104 |
| モノマー（単量体） | 152 |
| モンゴルフィエ兄弟《きょうだい》（フランス） | 70 |
| **や行** | 〈ページ〉 |
| 有《ゆう》人《じん》潜《せん》水《すい》調《ちょう》査《さ》船《せん》 | 19 |
| ユニセフ（国連児童基金） | 121 |
| **ら行** | 〈ページ〉 |
| ライデン瓶《びん》 | 73 |
| 羅《ら》針《しん》盤《ばん》 | 64 |
| リニアモーターカー | 72、77 |
| 量《りょう》子《し》科《か》学《がく》技《ぎ》術《じゅつ》研《けん》究《きゅう》開《かい》発《はつ》機《き》構《こう》 | 53 |
| ルナー・リコネサンス・オービター（探査機） | 79 |
| ル・マン（自動車の24時間耐久レース） | 84 |

# おとなのかたへ

## 「身近なことに関心をもたせよう」

小学校や中学校にも招かれ、出前授業をさせてもらっています。生徒の方々が目をかがやかせて聞いてくれるのは本当に楽しいものです。特に私が見つけた光触媒《ひかりしょくばい》の応用の一つである、たとえば、鏡がくもらなくなる実験を演示しますと、生徒の方々がいっせいにおどろきの声をあげてくれます。

出前授業では光触媒のほかにも、身のまわりのおもしろい現象について話します。たとえば、なぜアメンボは水の上をスイスイと動けるのかとか、梅前線とは言わないのに、南の方から徐々に桜が咲き始める桜前線があるのはなぜか、アサガオの花は何をもとにして開く時間がきまっているのか……など。

先生方でも、空や海が青いのはなぜ、と生徒に質問されて答えられなくてこまってしまうこともあると思います。身のまわりのいろいろな現象を不思議に思って質問をしてくる子どもたちの感性はすばらしいものです。このすばらしい感性を大事にして、のばしてあげることが、理科が好きになるキッカケにもなります。

これからの児童・生徒たちはＳＤＧｓ《エスディージーズ》という大きなテーマに向き合っていかなければなりません。ＳＤＧｓには環境、エネルギー、食糧、医療、人権、性差など、多くの課題が含まれていますが、実は、理科の学びにはこれらの課題を考えるヒントがたくさんあります。だからこの本の題名は『思考理科―なぜ？からはじめようＳＤＧｓ―』となっているのです。

そしてもう一つ、理科という科目は社会、算数、芸術、国語とも密接な関係があります。現代社会は科学技術と切っても切り離せませんし、理科にはたくさんの数字が出てきます。そして理科の法則や実験は、みんながわかる文章で表現しなければなりません。芸術の深い理解には、光や音や五感の知識が大きくかかわってきます。

このように、理科を知ることによって他の教科の理解も深まってゆくことでしょう。これは今までの本になかった観点になります。

お父さん、お母さんもこの本でいっしょに学んでください。お父さん同士、お母さん同士で是非、子どもの「なぜ」を話題にしてください。そして「なぜ」がわかったときには、大いに自慢しましょう。

二〇二三年七月

東京理科大学　栄誉教授　藤嶋　昭

〈監修〉**藤嶋昭**（ふじしま あきら）

一九四二年、東京都生まれ。東京大学大学院博士課程修了。工学博士。専門は光触媒、機能材料。

東京理科大学栄誉教授、東京大学特別栄誉教授。

日本化学会会長、日本学術会議会員などを歴任。日本化学会賞、日本学士院賞、恩賜発明賞、日本国際賞、文化功労者、ゲリッシャー賞、ガルバーニメダルなど受賞歴多数。

二〇一〇年に文化功労者、二〇一七年に文化勲章受章。

主な著書に『科学も感動から―光触媒を例にして』『時代を変えた科学者の名言』（ともに東京書籍）、『光触媒が未来をつくる』（岩波ジュニア新書）、『教えて！藤嶋昭先生　科学のギモン』（朝日学生新聞社）など多数。

〈監修〉
藤嶋 昭（ふじしま あきら）
東京理科大学 栄誉教授

〈著者〉
田中 幸（たなか みゆき）
サイエンスライター。長年、中学校や高等学校で理科を教えている。
結城千代子（ゆうき ちよこ）
サイエンスライター。長年、大学で教えながら、小学校生活科・理科、中学校科学の教科書執筆にたずさわっている。
2人の共著
『くっつくふしぎ』（福音館書店）、『新しい科学の話 1年生～6年生』（東京書籍）、『人物でよみとく物理』（朝日学生新聞社）、ワンダー・ラボラトリシリーズ『粒でできた世界』（太郎次郎社エディタス）など。

本書は2012年発行『新しい科学の話 1年生～6年生』（東京書籍）を底本として、SDGsの観点から構成・内容を一新いたしました。

思考理科《しこうりか》 ―なぜ？からはじめようSDGs《エスディージーズ》―
第1巻 社会の視野《しや》を広《ひろ》げる理科《りか》
2023年9月13日 第1刷発行

●監修 藤嶋昭
●著者 田中幸／結城千代子
●発行者 渡辺能理夫
●発行所 東京書籍株式会社
東京都北区堀船2-17-1 〒114-8524
03-5390-7531（営業）
03-5390-7455（編集）
https://www.tokyo-shoseki.co.jp

●本文イラスト 中井絵津子
●ブックデザイン 坂野公一（welle design）
●キャラクターデザイン ふくまさ
●編集協力／DTP 越海辰夫 柴田奈々（越海編集デザイン）
●印刷・製本 株式会社リーブルテック


ISBN 978-4-487-81701-6 C8040 NDC 408

**好評既刊**

# 思考理科

## —なぜ？からはじめようSDGs—

（全4巻）

① 社会の視野を広げる理科
② 算数の世界に強くなる理科
③ 芸術の理解を深める理科
④ 国語の力が身につく理科

各巻：A5判並製／192頁／図版多数